작은 도시는 더 특별하다

현대건축을 통한 유럽 소도시 탐구 여행

정
태
종

박영사

프롤로그

우리는 대도시 전성시대에 살고 있다고 해도 과언이 아니다. 영국에서 시작된 산업혁명은 서유럽의 근대 사회와 함께 본격적인 도시를 형성하는 데 결정적인 영향을 끼쳤다. 이후 도시는 효율성과 경제적 가치로 평가되면서 점점 커져 대도시가 되었다. 모든 사회경제적 투자와 활동은 대도시에 집중되고 주거와 도시 환경은 악화한다. 이러한 열악한 상황에서도 사람들은 교육과 취업을 위해 점점 더 큰 도시로 몰린다. 인구, 위생, 교통, 주거 등 여러 측면에서 우리가 사는 도시는 편리하고 좋은 점도 많지만, 대도시의 이면에는 문제점도 많다.

근대 도시가 형성되는 초기의 유럽은 몰리는 인구의 주거도 문제였지만 위생의 문제는 더욱 심각했다. 위생의 측면에서 보면 대도시가 가진 대형병원과 주거와 편의시설 등을 작은 도시가 제공하기는 어려운 형편이지만, 대도시는 오히려 악취와 전염병으로 시름을 앓았다. 하이힐도 도시 환경의 문제 때문에 발명된 사례다.

한 국가를 대표하는 대도시와는 다르게 지방의 작은 도시는 현대사회가 평가하는 효율성의 기준에 미달하기 쉽다. 최근 전 세계의 많은 나라는 인구수라는 측면에서 소도시의 소멸이라는 심각한 문제를 안고 있다. 이는 전체 인구의 감소라는 문제점도 있지만, 인구 분포의 불균형 때문이기도 하다. 한국도 예외는 아니다. 1950~1960년대 한국 베이비 붐 세대는 이해하기 어려운 상황이 현재 한국에 나타나고 있다. 한 반에 60명 이상의 학생이 어깨를 맞대면서 수업을 듣고 한 학년이 12반을 넘는 학교는 이제 어디에도 없다.

현대도시의 이런 심각한 문제점과 약점에도 불구하고 작은 도시는 나름대로 좋은 점도 많다. 장점 중 하나는 작은 도시가 대도시에 비해 아무래도 변화가 늦다. 그래서 오히려 오랜 전통이 남아 있는 예도 있다. 대도시는 개발의 논리에 따라 허물어버린 전통을 대신해서 반듯하고 계획된 건축과 도시로 탈바꿈하는 것이 보통이다. 개발의 시대에는 이런 과정이 당연했고 더 높게 평가됐다. 그러나 시간이 지나 되돌아보면 오히려 개발이 늦었던 작은 도시가 더 좋은 도시 환경과 정체성을 가지는 모순이 나타난다.

이제 우리는 앞으로만 내달리지 말고 멈춰 서서 주변을 살펴봐야 한다. 주변에 관심을 가지면 지금까지 눈에 보이지 않던 것들이 눈에 띈다. 조금만 돌아보면 우리가 듣지도 못한 이름을 가진 아름답고 독특한 작은 도시가 많이 있다. 왜 우리는 지금까지 이런 보석 같은 작은 도시를 찾지 못했을까? 이제야 살짝 아쉬움과 후회가 밀려온다. 작은 도시는 우리네 뒷동산 언덕에 지천으로 핀 들꽃과도 같다. 화려한 색과 모양으로 우리를 유혹하는 커다란 꽃이 주는 매력과는 다른 야생화와 같은 작은 도시를 찾아 같이 떠나보고자 한다.

이 책을 통해 작은 도시를 본격적으로 살펴보기 전에 당부하고 싶은 것이 있다. 우선 책이 담고 있는 대상은 서유럽의 작은 도시와 건축이다. 우리 주변 가까운 곳에서도 좋고 작은 도시가 많은데 왜 유럽의 특정한 소도시를 선정했는지, 그리고 작은 도시를 이해하는 방식이 왜 현대건축을 포함한 건축인가라는 의구심이 생길 수 있다.

명확한 답이 되지는 않겠지만, 이해를 구하기 위한 나름대로의 핑계를 대자면 이 책은 현대건축을 전공하는 건축가의 개인적인 경험과 특정한 생각을 통해 현대사회와 현대도시를 이해하는 구체적인 기록의 과정이며 그렇기에 글들은 그 한계 속에 쓰여졌다는 사실이다. 그리고 절대적 진리와 맹목적 믿음이 사라진 현대사회의 단편이나 단면을 볼 수 있는 유럽의 작은 도시와 현대건축이라는 기회를 통한 나름대로의 해석이므로 그 한계 속에서 독자들이 읽고 토론을 할 수 있게 되기를 바란다. 물론 이 책 속 서유럽의 작은 도시가 대표성을 가지고 일반화될 수 없음은 명확하다. 그저 타산지석일 뿐이다.

또한 책에 담긴 모든 글은 무더운 여름에 자동차로 프랑스와 스위스를 중심으로 평소 관심이 있던 작은 도시를 찾아 헤맨 여행의 기록물이며, 독일은 프랑크푸르트를 베이스캠프로 정하고 주변 작은 도시를 찾아 매일 아침 출근하듯 기차역에 가서 새로운 낯선 도시에 도착해 나름대로의 방식으로 답사를 한 자료를 바탕으로 도시를 이해하고자 했던 노력의 인문학적 결과물이다.

책의 구성을 구체적으로 설명하면 글은 크게 1부와 2부로 나뉜다. 1부는 자동차로 떠난 프랑스 동부, 스위스, 리히텐슈타인, 오스트리아 서쪽, 네덜란드 남부 지역의 작은 도시들 이야기이다. 언제나 그렇듯 시간과 공간의 한계 속에서 효율적인 방법으로 떠난 자동차 여행은 대중교통으로 가기 힘든 작은 도시 속 현대건축을 내 눈앞에 쉽게 가져다주었다. 예술과 자연의 이중적 가치 속에 숨어 있는 현대건축과 작은 도시의 경험은 정서적이며 학문적인 풍족함을 선사한다.

프랑스는 파리를 중심으로 하는 근현대 예술을 경험하거나 남프랑스의 작은 도시에서 낭만의 자연을 경험하는 것도 훌륭하다. 그러나 북부 프랑스 지역은 뛰어난 현대건축이 작은 도시를 반짝이게 하는 곳이 많다. 독일 프랑크푸르트에서 떠나 대서양 쪽으로 네덜란드 남부와 벨기에를 거쳐 프랑스 북서쪽에 있는 작은 도시를 찾았다. 주제는 예술 속의 작은 도시들이다.

또 다른 소도시는 독일에서 남쪽으로 스위스의 작은 도시를 찾기 위해 거친 프랑스 동쪽 지역의 작은 도시와 알프스를 중심으로 이탈리아 북부와 오스트리아 서쪽 도시까지 자연 속의 작은 도시들이다. 이곳의 알프스라는 웅장하고 숭고한 자연 속에 형성된 작은 도시와 현대건축은 눈이 부실 정도다. 소도시 여행은 독일 프랑크푸르트를 기점으로 수평과 수직 방향으로 멀어졌다 다시 돌아오는 직선적인 방식이다.

책의 후반부인 2부는 기차로 독일 프랑크푸르트를 기점으로 매일 혼자 떠나서 찾아간 독일의 작은 도시들 이야기이다. 여기에 등장하는 독일의 소도시는 한때 초저가의 저렴한 교통 패스를 제공했던 독일 교통국의 혜택을 제일 많이 받으면서 다닌 답사기다. 매일 아침 눈뜨자마자 기차를 타고 새로운 도시를 가는 과정은 설레기도 했고 흥분되기도 했다. 현대건축뿐만 아니라 오래된 역사 유적을 품은 독일의 많은 도시를 통해 자연스럽게 도시와 인간과 사회를 이해하는 과정이라 할 수 있다. 유럽의 다른 나라도 작은 도시가 많지만, 독일은 특히 소도시의 집합체라 말할 만하다. 이 답사는 프랑크푸르트 기차역을 기점으로 가까운 작은 도시부터 점차 방사선으로 퍼져나가면서 원심형으로 확대하는 방식이다.

처음 계획했던 유럽 소도시는 개인적으로 관심이 있던 15개 도시였다. 카젤 도큐멘타로 유명한 독일 도시 카젤Kassel, 도시재생의 대표 도시 에센Essen, 건축가의 도시 드레스덴Dresden, 고성을 서점으로 바꾼 네덜란드의 마스트리흐트Maastricht, 백색 기차역의 벨기에 도시 리에주Liège, 최첨단 현대건축을 볼 수 있는 벨기에 투르네Tournai, 현대건축의 모둠 도시 프랑스 릴Lille, 프랑스 새로운 미술관 조직인 프락의 도시 오를레앙Orléans, 근대건축 거장의 도시 피흐미니Firminy, 스페인 RCR 건축의 건축 작품이 있는 프랑스 호데Rodez, 스위스 현대건축 거장들의 사무실이 있는 쿠어Chur, 스위스와 이탈리아의 경계 도시 지오르니코Giornico, 알프스 속 작은 도시 리히텐슈타인Liechtenstein, 호반의 문화도시 오스트리아 브레겐츠Bregenz, 이탈리아 오페라의 대가 가에타노 도니체티가 탄생한 소도시 베르가모Bergamo 등이다.

근현대건축과 소도시가 주 관심사이지만 개인적으로 선호하는 고전음악과 오페라, 미술, 서점 등이 있는 작은 도시와 함께 이왕이면 자연과도 같이하고 싶었다. 계획했던 도시 대부분은 눈과 사진기에 담았지만, 독일의 드레스덴Dresden, 프랑스의 오를레앙Orléans, 호데Rodez, 이탈리아 북부 베르가모Bergamo 등 여러 가지 현지 상황 때문에 못간 소도시와 건축물도 많다. 또한, 실제 소도시 여행과 답사는 이곳에 담긴 곳보다 더 많았지만, 건축이 도드라져서 도시와 연결되지 않은 듯하기도 하고 왠지 나만의 기억과 추억을 아끼고 드러내고 싶지 않은 부분도 있어서 여기에 포함하지 못한 곳도 있다. 예를 들면 독일 쾰른 근처 작은 마을에 스위스 건축가 페터 춤토르Peter Zumthor가 설계한 브루더 클라우스 경당Bruder Klaus Field Chapel, 피터 매클리Peter Märkli가 설계한 스위스 남부의 작은 도시 지오르니코Giornico의 라 콘지운타 뮤지엄Museum La Congiunta, 바젤의 노바티스 캠퍼스Novatis Campus, 비트라 캠퍼스Vitra Campus, 아르노 브란들후버Arno Brandlhuber가 설계한 네안데르탈 뮤지엄Neanderthal Museum 등이다. 이런 아쉬움은 또 다른 답사와 글을 쓸 기회라고 생각하고 이 책에서는 서유럽의 한정된 작은 도시를 살펴보는 것으로 만족하고자 한다.

이 책은 네이버 프리미엄 콘텐츠에서 오랜 기간 연재한 글을 보완하여 새롭게 엮었다. 경험과 사고 속에서 튀어나온 단편적인 글 조각을 모아서 책으로 출판하는 과정에 도와주신 분들이 많다. 특히 매번 쉽지 않은 출판 과정을 흔쾌히 맡아 주는 박영사 출판사에 감사드린다. 손수 본인 자동차로 답사를 동행해주고 독일에서 몸과 마음 편하게 머무를 수 있도록 많은 부분을 제공해준 해준 오래된 친구이자 후배인 이수형에게 감사드린다.

죽전 캠퍼스에서

정태종

CONTENTS

PART 01 예술과 자연 속 작은 도시

CHAPTER 05 구석구석 작은 도시

CHAPTER 06 동서남북 작은 도시

작은 도시는 더 특별하다

현대건축을 통한 유럽 소도시 탐구 여행

PART 01

예술과 자연 속 작은 도시

CHAPTER 01

예술 속 작은 도시

거대한 매스를 이용한 위상학적 공간은 공간의 관계를 명확하게 드러내는 방법일지는 몰라도 사용자나 주변 맥락과의 관계를 약화시킨다는 치명적인 약점을 그대로 노출시킨다는 것을 절실히 느낀다.

01 근대건축의 대가 르 코르뷔지에(Le Corbusier)의 도시

피흐미니(Firminy), 프랑스(France)

유럽을 대표하는 문화 예술의 나라인 프랑스를 떠올린다면 그 도시 풍경은 아마도 중세 시대의 고딕 성당일 것이다. 이런 유럽의 대표 이미지는 한국의 도시 풍경과는 다른 이국적이며 낯선, 그렇지만 상당히 오래된 그들만의 역사가 만들어낸 흔적일 것이다. 중세 시대를 거친 유럽의 오랜 역사의 표식들 사이에는 산업화와 표준화를 바탕으로 한 이성적인 근대건축과 그에 반발하는 자유로운 최신의 현대건축이 각자의 목소리를 내고 있다. 유럽의 전통 건축도 훌륭하지만, 나의 관심은 현대건축이므로 그리스 로마의 고전주의에서부터 중세 시대를 포함한 전통 건축은 눈으로 즐기며 빠르게 지나쳐간다. 하지만 아무리 그냥 지나치려고 해도 가끔은 오래된 건축의 아름다움에 빠져 입 벌리고 계속 카메라를 누르는 나를 발견하곤 한다. 특히 여행 도중 들른 스트라스부르Strasbourg 대성당의 입면은 바쁜 발걸음을 자꾸만 붙잡는다. 덕분에 독일 프랑크푸르트에서 떠나 프랑스 남쪽 리옹Lyon을 중심으로 현대건축의 직접적 발판이었던 근대건축의 대표 건축가인 르 코르뷔지에Le Corbusier의 라 투레트 수도원Couvent La Tourette과 르 코르뷔지에의 도시인 피흐미니Firminy로 가고자 했던 계획은 자꾸만 지체된다.

스트라스부르(Strasbourg) 대성당

유럽 소도시 중 첫 번째는 르 코르뷔지에의 도시 피흐미니 Firminy다. 많고 많은 유럽의 도시 중 이곳을 가장 먼저 꺼내는 이유는 다수의 르 코르뷔지에 후기 근대건축이 있고 특히 1960년대 설계를 시작하여 2006년에 완공된 생피에르 성당Église Saint-Pierre은 그 과정에서 나타나는 시간성도 엿볼 수 있는 곳이기 때문이다. 현대건축을 이해하기 위해서는 근대건축, 그중에서도 현대건축과 겹치는 시기인 1950~1960년대 후기 근대건축을 살펴보는 것이 꼭 필요하다. 특히 르 코르뷔지에 후기 작품이 중요한데 현대건축의 특징적인 위상학적 건축 어휘들이 나타나기 때문이다. 유럽의 그 어느 곳도 이곳만큼 르 코르뷔지에의 후기 근대건축을 보여주는 곳은 없다. 또한, 근대건축의 거장이 인도 찬디가르 Chandigarh만큼이나 도시의 많은 부분을 자신의 건축 철학으로 표

피흐미니(Firminy) 도시 풍경

현한 곳도 이곳이 유일하다.

대도시나 신도시와 같은 맥락이 아닌 프랑스의 작은 도시인 피흐미니에서 르코르뷔지에의 건축은 절대적이다. 이 도시에는 문화회관Maison de la Culture인 시테 르 코르뷔지에Site Le Corbusier, 생피에르 성당Église Saint-Pierre, 르 코르뷔지에 스타디움Le Corbusier Stadium, 공동주거 유니테 다비타치옹Unité d'habitation 등이 모여있다. 피흐미니Firminy는 르 코르뷔지에의, 르 코르뷔지에에 의한, 르 코르뷔지에를 위한 도시이다.

이곳을 대표하는 건축물은 문화회관Maison de la Culture이다. 멀리서도 르 코르뷔지에 건축이라는 것을 알 수 있을 정도로 전형적인 건축물이다. 스타디움 옆쪽 상당한 규모의 직육면체 노출 콘크리트 건축물로 현재는 내부공간의 일부가 다양한 전시공간으로 사용된다. 1961~1965년에 지어진 건물이라 최근 완공된 건축물

문화회관(Maison de la Culture)

과는 다른 세월의 흔적이 느껴진다. 건물 전면부는 수직 창으로 스타디움을 바라보고 있고 출입구와 복도는 후면에서 접근한다. 곳곳에 펼친 손 형태의 손잡이, 모듈러 맨Modular Man, 색색의 수직 창 디자인이 르 코르뷔지에에 의한 건축임을 알린다.

문화회관 건너편 생피에르 성당Église Saint-Pierre은 건축가 사후에 완공된 성당이다. 외부 형태는 정방향으로 구성된 사각뿔과 상부가 잘린 형태로 인해 낯설게 보이기도 한다. 도시의 아이콘으로 작용하는 성당의 외부 형태는 모든 건축에서 지금까지 계속되어온 고민거리가 아닐 수 없음을 알려준다. 그러나 근대건축의 특성인 경사로와 필로티, 자유로운 공간구성은 1960년대 당시로는 매우 진보적인 설계임에는 분명하다. 특히 성당이 위치한 외부공간은 자연스럽게 주변에서부터 성당의 입구까지 연속된다. 성당의 주출입구가 다른 곳보다 높게 위치해서 경사로를 이용하여 주변과

생피에르 성당(Église Saint-Pierre)

연결하면서 자연스럽게 위상학적 접기 방식의 특성이 나타난다. 서로 다른 대지 레벨의 위상학적인 차이를 하나로 연결하여 마치 성당이 대지에서부터 끌어올려진 것 같이 설계했다.

또 한 가지 눈여겨봐야 할 것은 서로 다른 시기에 시공된 부분이다. 1960년대 완공된 문화회관의 노출 콘크리트와 2006년 완공된 성당의 것은 시간의 차이만큼이나 확실히 달라 보인다. 성당 자체도 착공 후 중단되었다가 40여 년이 넘어 완공되어서 하부와 상부의 노출 콘크리트 상태가 다르다. 밝은 회색의 갓 타설된 듯한 성당의 외부와 내부마감은 설계의 시간과 시공의 시간 차로 인해 새로운 가치가 만들어진 듯하다. 이곳을 직접 와보고 싶었던 가장 큰 이유다. 시간성이 만들어내는 새로운 가치를 내 손으로 만지고 내 눈으로 확인하고 싶었다. 외부 형태의 부담스러움은 내부공간을 보면 말끔히 가신다.

생피에르 성당(Église Saint-Pierre) 내부 공간

생피에르 성당(Église Saint-Pierre) 예배당

르 코르뷔지에는 롱샹 성당이나 라투레트 수도원에서도 빛과 색의 조합으로 종교적 분위기가 뛰어난 현상학적인 공간을 만들었지만, 이곳의 예배당은 그와는 또 다른 놀라운 공간이다. 특히 은하수와 같은 작은 빛의 모음은 그 어떤 성당의 색과 빛의 조합인 스테인드글라스보다도 담대하면서도 담백하고 순수한 빛의 찬양대를 보는 듯하다. 빛이 특정 시간에 작은 원형의 노출 콘크리트를 투과하여 만들어내는 은하수 효과는 근대건축의 아날로그 방식으로 비정형적인 작은 빛무리라는 디지털 파라메트릭 개념과 같은 기존과는 다른 새로운 건축 어휘를 시도한 듯 읽힌다. 건축과 빛이 만들어낸 최고의 현상학적 공간이고 한밤중 자연 속 별무리와 별똥별을 볼 때와 같이 결코 잊을 수 없는 장면이다. 더운 날씨 덕분인지 방문자가 없고 같이 간 지인은 다른 곳에 있어 혼자 이 좋은 공간을 잠시나마 독차지했다.

성당 앞에는 빨간 창틀이 인상적인 피흐미니 공공 수영장La Piscine이 있다. 르 코르뷔지에의 도시계획을 그의 사후에 함께 일하던 앙드레 보겐스키André Wogenscky가 완성했다. 근대건축 최고의 건축가 사후의 작업이 얼마나 부담스러웠을까? 르 코르뷔지에의 건축과 자신의 건축을 적절하게 조합시킨 결과 시민들이 가장 좋아하는 공간이 되었다. 지금도 수영장은 이용자가 많다. 이와 함께 넓은 운동장 스타디움이 중앙에 위치한다. 운동시설, 문화시설, 성당, 공동주택 등 안 어울릴 것 같은 도시의 프로그램들이 하나로 어울려 있다. 근처에 공동주거 단지는 르 코르뷔지에가 설계한 전 세계 다섯 곳인 Marseille, Rezé－les－Nantes, Briey－en－Forêt, Berlin, Firminy 중 가장 마지막으로 완공된 곳이다. 현재 이곳은 여행객의 숙박이 가능해서 하룻밤 건축가 르 코르뷔지에의 공간을 온몸으로 경험할 수 있다.

2016년 제40회 세계유산위원회에서 '르 코르뷔지에의 건축 작품, 모더니즘 운동에 관한 탁월한 기여'라는 명칭으로 20세기 근대건축에 큰 영향을 끼친 건축가 르 코르뷔지에의 건축 작품들 가운데 예술성이 높고 혁신적이라고 일컬어지는 건축 작품들이 문화유산에 등재된다. 독일, 벨기에, 스위스, 아르헨티나, 인도, 일본, 프랑스 등 7개국에 있는 17개의 건축물들이 세계문화유산으로 지정되었다. 1924년 건축가 최초의 주택인 레만호의 빌라 르 라크에서부터 1962년 인도 찬디가르 주 의회 의사당까지 60~100여 년 전 근대건축들이다. 수백 년 된 시간성에 집중하는 우리의 유네스코 등재 방향과는 사뭇 다르다. 건축은 시간만이 중요한 것이 아님을 여실히 알 수 있다. 1960년대와 2000년대의 서로 다른 노출콘크리트 디테일의 켜를 보면서 그런 사실을 다시 한 번 확인할 수 있다.

프랑크푸르트에서 시작해 피흐미니를 지나 오헝쥬Orange의 고대 극장Théâtre Antique d'Orange을 거쳐 엑상프로방스Aix-en-Provence까지 가려는 계획은 피흐미니에서 멈춘다. 리옹 도심 약국을 지나는데 차 밖의 온도는 섭씨 41도. 처음 보는 숫자의 온도다. 지구온난화를 실제 두 눈으로 확인하는 순간이다. 몇 년 전 경험했던 영하 30도 하얼빈의 뼈가 시리도록 추웠던 추억 아닌 기억이 온몸으로 올라왔다. 작전상 후퇴를 결정하면서 제2차 세계대전 연합군의 됭케르크Dunkerque 작전이 떠오른다. 남쪽 지중해 도시 대신 북쪽으로 되돌아가는 도중 들른 리옹 근처 라 뚜레트 수도원Couvent La Tourette:1959과 롱샹Romchamp 노트르담 뒤 오Colline Notre-Dame du Haut:1955에서 르 코르뷔지에의 건축을 다시 한 번 만끽했다. 덕분에 노출 콘크리트와 현상학적 공간의 극복, 위상학과 파라메트릭 디자인의 한계 해결, 스위스 박스와 건축재료로부터 탈피, 일본성과 일본 현대건축의 전복이라는 평소 가지고 있던 건축의 개인적 고민 중 첫 번째 것을 마주할 기회를 얻었다. 그리고 앞으로 해야 할 건축이 조금 더 뚜렷해졌다. 전화위복轉禍爲福 인가 새옹지마塞翁之馬인가. 예상하지 못한 그리고 예상을 벗어난 의외성, 이 맛에 여행한다고 위안 아닌 위안을 해본다.

리옹의 여름 날씨

02 현대건축의 새로운 집합소가 된 프랑스 북부 도시

릴(Lille), 프랑스(France)

프랑스 북부지역의 중심도시인 릴Lille은 파리보다 플랑드르 지역인 벨기에와 네덜란드에 가까워 프랑스의 다른 도시보다 17세기에서부터 현대까지 다양하고 풍부한 문화와 건축으로 가득하다. 특히 구조주의 현대건축의 특성인 위상학적 공간과 아이콘적 형태의 현대건축이 눈에 띈다. 도시의 중심지역인 유라릴Euralille은 신고전주의 양식의 릴 플랑드르역과 함께 유럽 대륙 간 철도 요충지이자 1988년에 렘 콜하스Rem Koolhaas가 설계한 마스터플랜과 릴역Gare Lille Europe, 크리스티안 포잠박Christian Portzamparc의 릴역 오피스 빌딩, 유라릴Euralille 상업시설 등으로 잘 알려져 있다. 1900년대 초중반 르 코르뷔지에로 대표되는 근대건축은 이후 1900년대 후반 렘 콜하스로 상징하는 구조주의 현대건축에 의해 완전히 새로워진다. 그리고 최근에는 그 한계마저 극복하려는 프랑스 건축가들의 새로운 건축이 속속 들어서고 있다. 프랑스 도시 릴은 그 역사의 현장이다. 최신 위상학적 현대건축의 한복판으로 들어가 본다.

도시의 규모에 비해 상당히 큰 기차역인 릴역과 주변의 현대건축은 예상하지 못한 스케일로 인해 당혹스럽기까지 하다. 릴역 건너편에는 엉히 마띠쓰 공원Parc Henri Matisse과 컨벤션 센터인 릴 그랑 팔레Lille Grand Palais가 위치한다. 메가 스트럭처의 건축과 그

릴역(Gare Lille Europe)과 주변 현대건축

엉히 마띠쓰 공원(Parc Henri Matisse)

에 못지않은 도시의 보이드 공간인 공원이 서로 도시 공간을 보완하듯이 마주 보고 있다. 구조주의 현대건축의 전형적인 솔리드와 보이드라는 위상학적 공간 사례이다. 공원 내 공공시설물의 형태는 주변 현대건축물의 형태를 따라 제작되어 마치 건축의 미니어처가 놓인 것처럼 보인다.

구조주의 현대건축의 대표 건축가인 렘 콜하스에 의해 설계된 릴역 주변은 1980~1990년대 현대건축의 개념으로 가득 차 있다. 곡선으로 이루어진 릴역 지붕의 연속성과 상반된 특정한 형태의 고층 건축물도 도시의 새로운 시각적 아이콘으로 작용한다. 기차역 복합시설은 현대건축의 전형적인 메가 스트럭처 건축 사례로 기존의 건축과는 다르다. 몇 번을 봐도 이곳의 메가 스트럭처는 도시의 스케일과 무관하게 설계되어 도시의 규모에 비해 과도하게 형성된 측면이 있다. 맥락에서 벗어난 건축 또한 최신 현대건축이 시도하는 또 다른 건축 어휘인데 막상 경험해보니 혼란스럽다. 거대한 매스를 이용한 위상학적 공간은 공간의 관계를 명확하게 드러내는 방법일지는 몰라도 사용자나 주변 맥락과의 관계를 약화시킨다는 치명적인 약점을 그대로 노출시킨다는 것을 절실히 느낀다.

유라릴 뒤쪽에 거의 붙어 있다시피 한 복합 단지 르 코넥스Le Conex는 유라릴과는 또 다른 파격적인 디자인으로 주변 맥락과 상당히 다르게 접근하고 있다. 샤르티에-꼬르바송 아키텍테스Chartier-Corbasson Architectes가 설계한 3층 규모의 사무용 건물이다. 금색의 수직 루버Louver로 뒤덮은 외피는 상당히 도전적이다. 주변과 단절된 듯한 현대건축의 모습과 강렬한 존재감은 주변의 오래

유라릴(Euralille)

르 코넥스(Le Conex)

된 플랑드르 지역의 맥락을 깬다는 비판도 강하다. 최근 프랑스 현대건축 설계 작업이 색과 루버 등을 이용하여 비정형화된 형태를 만드는 경향이 커지고 있는데 이 사례가 그 전형이 아닐까 싶다. 외피의 루버 색이 금색이라 태양의 방향에 따른 빛 반사와 그에 따른 입면의 색 변화가 흥미롭지만, 주변에 강한 영향을 주는 것은 해결해야 할 사항인 듯하다.

릴 시 외곽에는 프랑스 건축가 마뉴엘 고트랑Manuelle Gautrand이 설계한 LaMLille Métropole Musée d'art moderne, d'art contemporain et d'art brut이 있다. 이 미술관은 원래 1989년 롤랑 시모네Roland Simounet에 의해 벽돌 건축물로 설계되었다. 23,000m² 규모의 방대한 공원에 위치하며 다양한 미술품 컬렉션을 보유하면서 2010년 증축하였다. 이곳은 새롭게 증축한 콘크리트 건축이 기존의 적벽돌 공간과 서로 어울리고 감싸 안아서 여러 곳의 다양한 외부 중

마뉴엘 고트랑(Manuelle Gautrand)의
LaM(Lille Métropole Musée d'art moderne)

정을 만든다. 마뉴엘 고트랑은 자유로운 패턴의 섬세한 노출 콘크리트 패널을 이용하여 전시공간의 화이트 박스를 완성한다. 전시공간 앞쪽 토끼풀 클로버 정원과 화이트 박스의 부정형 패턴은 마치 배경인 양각의 자연과 오브제인 음각의 인공 건축이 상대에게 자신을 내어주어서 하나가 되는 듯한 놀라운 풍경을 만든다. 단순한 기하학의 박스 형태와 복잡한 디테일로 구성된 스위스 현대건축과 유사하면서도 조금 더 자유로운 패턴과 공간구성을 선보인다. 건축 색채를 바탕으로 다양한 건축 공간구성 요소를 이용하여 복합공간을 만드는 그녀만의 독특한 건축 설계 방식은 이곳을 최고의 미술관으로 이끌었다.

릴에는 또 다른 놀라운 현대건축이 하나 더 있다. 새로 개발된 릴 남쪽의 신도시에는 라카통과 바살Lacaton & Vassel의 르 그랑 쉬드Le Grand Sud가 위치한다. 최소한의 비용과 값싼 건축재료를 이용하여 최대의 공간을 확보하고 새로운 공간의 가치를 만들어내는

르 그랑 쉬드(Le Grand Sud)

설계로 유명한 프랑스 대표 건축가는 이곳에서도 뛰어난 상업공간을 창조해낸다. 이중의 비닐로 볼록한 외피를 만들고 내부 조명을 이용해 다양한 분위기를 연출하는 입면은 주변 어디에서나 눈에 띈다. 건축 외피는 속옷 차림 위에 투명한 비닐 바지를 입었던 모 유명 가수가 연상되어 한동안 잊히지 않을 듯하다. 파격적인 것을 원했다면 일단 성공적이다. 확실히 프랑스 현대건축은 디자인 측면에서는 개방적이고 남다르다. 그래서 신선하다. 또한, 외부에서는 잘 보이지 않지만, 주변 공원과의 공간적 연계를 위해 상부 옥상정원을 제공하는 등 건축 공간의 적극적 활용은 매우 성공적이다. 현대건축은 더 이상 공간과 공간구성, 형태와 유형, 건축재료와 효과에 집착하지 않아 보인다.

릴은 현대건축의 대표 건축가들에 의한 대규모 개발로 현대건축의 상징처럼 여겨진다. 그럼에도 불구하고 그 단계에서 머무르지 않고 지속적으로 최첨단의 새로운 현대건축을 선보이면서 최신의 건축을 선도하고 있다. 한 나라의 수도나 중심 도시가 아닌 작은 도시라도 도시 구성원의 의지와 뛰어난 혜안 그리고 능력 있는 건축가가 있으면 현대건축의 헤게모니를 장악하고 선도할 수 있음을 릴이 보여주고 있다.

03 거대한 가벼움, 프락 그랑 라주(FRAC Grand Large)의 도시

됭케르크(Dunkerque), 프랑스(France)

프랑스 북부 흑해 연안에 있는 도시 됭케르크Dunkerque에는 세계대전과 관련된 장소들인 됭케르크 박물관Musée Dunkerque 1940 Opération Dynamo과 전쟁 박물관인 포르 데 뒨Fort des Dunes을 둘러 볼 수 있다. 이 도시는 1940년 제2차 세계대전 중 영국과 프랑스 연합군이 영국으로 퇴각시켰던 1940 디나모 작전이 펼쳐졌던 곳으로 작전 이후 맥아더 장군이 노르망디 작전을 성공시켜 연합군이 전세를 역전하게 되었다. 역사적 장소인 이 도시를 현대의 문화공간으로 소환하는 건축이 있다.

바로 됭케르크Dunkerque 해변에 있는 라카통과 바살Lacaton & Vassel이 설계한 프락 그랑 라주FRAC Grand Large-Hauts de France가 주인공이다. 1982년 창설된 프랑스 전역에 퍼져있는 23개의 미술관 프락FRACs: Fonds régional d'art contemporain, 프랑스 현대미술지방재단은 주로 현대미술에 집중하고 있다. 또한, 각 미술관은 당대 최고의 건축가들이 설계한 다양한 건축을 이용하여 전시공간을 마련하고 최신의 현대미술품을 전시하고 있다. 파리의 대형 미술관인 루브르나 오르세나 퐁피두에 익숙한 사람에게는 프락FRAC이 낯설겠지만, 프랑스 미술과 예술의 진정한 저력은 대형의 유명한 미술관과 박물관이 아닌 이런 곳에서 나온다.

FRAC Grand Large

특히 이곳 됭케르크 프락은 신축 미술관이 아니라 1947년에 지어진 더 캐세드럴The Cathedral이라는 별명을 가진 조선소 조립공장 Halle AP2에 기존의 공간을 그대로 반복 재현하여 덧붙이는 더블링Doubling 개념을 이용하여 똑같은 규모의 전시공간을 설계하였다. 기존의 건물 공간도 거대한데 그 옆에 또 하나의 거대한 공간이 만들어지고 그사이를 적절하게 연결하여 보이드를 포함한 크고 작은 전시공간을 구성하였다. 특히 기존의 형태를 그대로 반복해서 규모도 확보하고 건축 형태의 정체성도 만들어 낸 더블링 기법은 매우 신선하게 느껴지는데 거대하고 다양한 전시공간의 확보라는 측면만으로는 이해가 되지 않는다. 같은 크기의 신축 건물은 6층의 건물로 이용하지만 기존의 건물은 거대한 층고의 단층 내부공간을 그대로 사용하기 때문이다.

이런 의구심은 기존 건물이 조선소라는 사실, 그리고 다른 조선소 중에는 이곳과 같이 같은 크기와 형태의 공간을 필요에 따라

FRAC 전시공간

덧붙여서 공간을 확보한다는 사실을 알고 나면 다시 한 번 건축가의 디자인에 감탄을 하게 된다. 조선소 프로그램에 의해 만들어진 기존의 공간을 새로운 전시 프로그램의 공간으로 전환하는데 기존의 공간 시스템을 도입해서 확장하는 것이다. 사이트의 장소성과 기존 프로그램의 역사적 시간성을 매우 세심하게 살피고 고민한 결과로 이해된다.

라카통과 바살Lacaton & Vassel 건축가의 건축 철학은 가성비Cheaper is Better로 정리된다. 사회적 비용을 포함한 가장 저렴한 건축 비용으로 최대의 공간을 확보하는 효율성이 건축 디자인 요소로 작동한다. 건물의 외피도 개폐식의 PC 패널Polycarbonate Panel을 이용하여 최소한의 비용으로 최대의 공간을 확보하였다. 가볍고 저렴한 건축재료인 비닐이나 투명한 PC를 사용하니 건축과 공간은 가벼워지고 커진다. 마치 풍선 같은 건축이라고 해야 할까? 건축에서 경제적인 요소에 민감한 우리의 건축 시장은 왜 이렇지 못할까 고민해 본다. 역시 건축은 디자인의 관점에서 모든 부분을 조정해야 좋은 결과가 나온다는 사실을 다시 한 번 확인할 기회다.

이곳은 독특한 전시공간을 만들어내는 새로운 건축도 좋지만, 미술관이 배치된 사이트Site가 매우 뛰어나다. 미술관은 기존의 조선소가 있는 곳인 뒹케르크 해변 바로 옆에 위치한다. 미술관 5층의 전시공간이나 2층 주출입구로 가는 다리에서 바라보는 파노라마로 펼쳐진 해변은 그 자체가 예술이다. 물론 해변에서 휴식과 여유를 즐기다 예술 공간을 느끼기 위해 자연스럽게 다리를 이용하여 미술관으로 바로 들어올 수도 있다. 수영복 입은 상태로 입장이 될지는 모르겠다. 이런 자유로움과 낭만이 프랑스 아니겠는가!

미술관 옆에는 LAACLieu d'Art et Action Contemporaine가 있다. 거대한 녹지와 수공간이 있는 공원 안에 있는데 이곳과 함께 조각공원과 뒹케르크 박물관도 있다. 파리의 포럼 데알Forum des Halles 설계로 유명한 장 윌러발Jean Willerval이 디자인한 LAAC은 흰색 세라믹으로 덮인 외피가 주변 환경과 대조되는데 2005년 건축가 Benoît Grafteaux & Richard Klein에 의해 리모델링된 상태이다. 1974년부터 시작한 컬렉션은 1945년부터 현재까지 모든 현대 창작물을 대상으로 하여 이 지역의 현대미술 컬렉션에 큰 역할을 한다. 이제 프랑스에서는 루브르와 오르세 미술관에서 벗어나 프랑스 전역에 있는 프락들FRACs과 함께 현대미술과 친해 보자. 어느 순간 현대건축과 현대예술의 안목은 자연스럽게 올라갈 것이다.

FRAC 중정 보이드

FRAC 앞 해변가 풍경

04 프랑스 새로운 퐁피두 센터(Centre Pompidu)와 갈레리 라파예트(Galeries Lafayette)의 도시

메스(Metz), 프랑스(France)

메스Metz는 프랑스 도시 중 독일과 룩셈부르크 국경에 가장 가까운 도시일 것이다. 기존에는 메스를 대표하는 건축이라면 기존에는 그나마 도심에서 40km 떨어져 있는 외곽에 르 코르뷔지에가 설계한 공동주택인 유니테 다비타치옹Unité d'habitation: Ville Radieuse이 있는 정도로 크게 알려진 것이 없는 도시였다. 그런데 2006년 일본 건축가 시게루 반Shigeru Ban이 설계한 퐁피두 메스Centre Pompidou-Metz로 인해 많은 사람의 관심을 받게 되었다. 건축과 문화가 하나의 도시를 완전히 변화할 수 있는 또 하나의 사례가 나온

퐁피두 센터 메스(Centre Pompidou-Metz)

듯하다. 마치 쇠퇴해진 스페인 도시 빌바오Bilbao가 구겐하임 미술관Guggenheim Museum으로 도시재생의 성공과 함께 전 세계적인 도시로 탈바꿈한 빌바오 효과Bilbao Effect의 프랑스 판이라고나 할까.

1977년 파리 도심에 세워진 퐁피두 센터Centre Pompidou는 건축 자체로도 커다란 논란거리가 됐다. 당대 가장 혁신적인 건축으로 평가되는 퐁피두 센터는 그 당시 렌조 피아노Renzo Piano와 리처드 로저스Richard Rogers를 일약 스타 건축가로 만들면서 명성을 알린다. 기존 건축의 개념을 뒤집어 내부를 외부로, 외부를 내부로 만든 공간구성은 아직도 건축 분야에서는 혁신의 대명사로 통한다. 그 결과 계단과 건축설비 등 서비스 공간은 모두 건축물 외부로 노출되어 있고 내부 공간은 전적으로 전시공간으로 이용된다. 그런 퐁피두가 30년 만인 2006년 메스에 새로운 퐁피두 센터를 세울 것을 결정한다. 세간의 화제와 관심거리를 위한 새로운 현대건축의 이슈도 필요한 듯 파격적으로 일본 건축가의 동양적 재료

퐁피두 센터 메스(Centre Pompidou-Metz)의 나무 구조체

와 공간에 서양의 기하학을 조합한 설계안을 내놓았다. 개관한 후 여러 가지 찬반 의견이 나오고 현대건축의 담론과 논란을 만드는 데는 어느 정도 성공한 듯하다.

새로운 퐁피두 센터에서 가장 중요한 요소는 나무로 만든 자유로운 형태의 지붕 부분이 아닐까 싶다. 목재로 곡선의 형태를 만드는 것이 쉽지 않지만, 나무는 형태상 자유로움의 상징이기도 하다. 이 이율배반적인 재료를 이용하여 옷감을 직조하듯이 여러 방향으로 엮고 공간을 조정해서 3차원의 형태를 만든다. 직접 보면 마치 수백 년은 된 나무와 같은 건축구조와 공간의 규모에 놀라게 된다. 동양의 전통 건축과 유사하게 건물의 몸체보다 지붕의 규모가 더 큰데 지붕이 묵직한 기와가 아닌 가벼운 막구조로 되어있어 마치 임시가설물의 공간처럼 느껴진다. 한 가지만으로 이해할 수 있는 공간이 아니라 다양한 많은 건축적 이야기가 숨어 있다.

메스에는 퐁피두 센터만 있는 것이 아니다. 퐁피두 센터에서 조금 떨어진 메스 도심의 매우 넓은 광장인 레푸블릭 광장Place de

레푸블릭 광장(Place de la République de Metz)

la République de Metz에는 거대한 공원과 다양한 공공시설물이 눈에 띈다. 여러 가지 디자인의 의자를 보니 왠지 앉아서 잠깐이라도 쉬어야 할 것 같다. 심지어 완전히 누울 수 있는 의자도 있다. 일광욕도 가능할 듯싶다. 실제로 많은 사람이 누워서 책도 보고 오후의 시간을 나름대로 즐기고 있다. 아이들은 뛰어놀고 공원 한쪽은 현대식 분수가 물을 흘려 내리고 있다. 이곳에서 프랑스 디자인은 직선의 미니멀리즘이 아니라 자유로운 곡선의 파격을 통해 프랑스다움을 있는 그대로 보여주고 있다. 자유로운 프랑스Liberal France!

자유로운 광장 한쪽에는 마뉴엘 고트랑Manuelle Gautrand이 설계한 갈레리 라파예트 메스Galeries Lafayette Metz가 있다. 상아색의 백화점 건물에 빨간색 프릴을 두른 것처럼 만들어져서 한눈에 들어온다. 프랑스 대표 백화점인 갈레리 라파예트Galeries Lafayette는

갈레리 라파예트 메스(Galeries Lafayette Metz)

크지 않은 도시 메스의 중심가에서 새로운 유행의 본거지가 된다. 강렬하지만 세련된 어닝Awning 같은 캐노피Canopy는 건물 코너에서 살짝 고개를 들고 있다. 종이접기처럼 조각조각 접은 형태로 상아색 건물 매스를 쇼윈도우와 자연스럽게 나누면서 경쾌한 분위기를 자아낸다. 최신 프랑스 현대건축에서 나타나는 색을 이용한 건축은 기존의 건축에서 사용하지 않았던 과감성도 보이며 파격적이면서도 적절한 선을 지키려고 노력하는 듯하다.

유럽의 국가와 도시는 그 수만큼이나 독립적이고 다양하다. 어떤 곳이 특정한 것으로 유명해진다고 다른 곳이 그것을 따라 하지 않는다. 오히려 각자의 특별함과 정체성을 찾으려 노력하고 그 결과 모든 도시가 특별해진다. 작은 도시는 작은 도시대로 오래된 나라는 오래된 나라대로 각자 자신의 모습을 보여준다. 특정 시기의 유행과 붐Boom에 따라 인기 있는 프랜차이즈를 앞다투어 채워 넣은 모두가 다 유사한 그런 도시를 양산하지 않는다. 그래서 시민들도 자신의 도시에 자부심을 가지는 것이다. 똑같이 태어난 쌍둥이도 살다 보면 서로 달라진다. 사람들이 사는 도시는 똑같은 쌍둥이가 될 수 없다. 나만의 도시, 우리만의 도시가 될 수밖에 없다. 작은 도시 메스는 우리가 우리의 도시를 만들기 위해 노력해야 할 것이 무엇인지 잘 보여준다. 우리는 같아야 안심하고 서양인들은 달라야 인정한다. 어느 쪽이 맞고 틀리다라는 문제가 아니고 호불호라는 선택의 문제도 아니다. 도시 구성원의 성향이 다르고 취향이 존중된다면 어느 도시이든 훌륭하고 특별한 도시가 될 것이다. 이번 기회에 개인 취향처럼 도시 취향도 찾아보길 바란다.

05 하울의 움직이는 성 배경, 알자스의 도시

콜마르(Colmar), 프랑스(France)

콜마르Colmar는 프랑스 동쪽 알자스 지방의 작은 도시이다. 하울의 움직이는 성ハウルの動く城, Howl's Moving Castle의 배경이며 미야자키 하야오 감독이 제일 좋아하는 도시라고 한다. 가보면 왜 좋아하게 되는지 바로 알 수 있다. 일본의 유명한 애니메이션의 분위기와 유사하다고 느끼는 것은 개인적인 감정일까? 많은 사람은 이 크지 않은 프랑스 도시가 영화와 연결된듯한 감정을 가질 것이다. 그만큼 알자스의 작은 도시 콜마르는 독특하고 영화는 그 독특함을 잘 녹여냈다고 할 수 있다. 실제로는 없지만 도시 어디엔가 숨어서 돌아다닐 듯한 실사판 하울의 움직이는 성을 찾아보

콜마르(Colmar) 도심 풍경

운터린덴 뮤지엄(Unterlinden Museum)

는 것도 또 하나의 즐거움일 수 있다.

유럽 도시의 중심은 언제나 성당과 주변 광장이다. 이곳도 예외는 아니다. 그런데 한 가지 다른 것은 이곳의 대표공간은 구도심의 광장과 함께 13세기 도미니크 수도원을 뮤지엄으로 바꾼 운터린덴 뮤지엄Unterlinden Museum이다. 운터린덴Unterlinden하면 베를린이 떠오르는데 단어 자체도 언뜻 보면 독일어로 하천이나 강변의 아래라는 의미이다. 여기는 프랑스인데 웬 독일어인가? 베를린에는 도심의 거리 중 운터 덴 린덴Unter den Linden이 있다. 그러나 자세히 보면 이곳은 하천이 아니라 가로수인 린덴 나무Linden Trees 아래라는 의미이다. 유사하지만 완전히 다른 공간의 명칭에 다시 한 번 이 도시를 눈여겨보게 된다.

이곳에 헤르조그와 드 뫼롱Herzog & de Meuron이 증축 설계한

운터린덴 뮤지엄(Unterlinden Museum)의 적벽돌 디테일

운터린덴 뮤지엄Unterlinden Museum이 있다. 기존의 뮤지엄과 새로운 공간이 운터린덴Unterlinden 광장을 마주하고 하천을 따라 있는데 서로 다른 700년의 세월을 사이에 두고 바라보고 있다. 새로운 건축은 기존의 건축과 지하에서 연결되어 전시공간으로 사용하며 지상은 카페 등 다양한 공공의 공간으로 내주고 있다. 단순한 적벽돌의 건축이지만 자세히 보면 사용한 적벽돌이 기존의 것과는 완전히 다르다. 적벽돌 중앙의 빈 공간 부분을 반으로 쪼개서 두 개로 만들고 나눈 부분을 외부로 보이게 돌려서 벽돌쌓기를 한다. 그 결과 부서진 부분의 우연성이 외피 입면에 그대로 노출된다. 단순하고 오래된 그래서 진부한 것 같이 느껴지는 벽돌이라는 건축재료를 시공 현장에서 깨뜨려 우연성과 다양성의 변화를 만들어 현대건축화한다. 스위스 건축가들의 숨은 디테일과 재료 사용은 항상 놀랍다.

새로운 박물관 뒤쪽으로 가보니 거대한 벽돌벽이 빛을 받고 있다. 벽돌의 우연성으로 나타난 결과인 벽의 텍스처Texture가 빛을 받아 모호한 빛과 그림자의 현상학적 공간을 만들고 있다. 벽돌 하나를 사용하는 방법에서도 대가의 숨결이 그대로 나타난다. 건축재료의 텍스처를 이용한 섬세한 질감의 현상학적 박물관 외부와는 다르게 내부는 전시공간의 기능을 따라 화이트 박스의 요청을 충실하게 따르고 있다.

박물관을 지나 시내로 들어가다 보면 많은 사람이 방문하는 자유의 여신상을 제작한 조각가의 바르톨디 뮤지엄Musée Bartholdi을 볼 수 있다. 파리와 뉴욕의 자유의 여신상을 조각한 조각가가 이곳 출신이다. 뮤지엄은 오래된 콜마르 상인들의 거리에 있는 메종 아돌프Maison Adolph와 메종 피스터Maison Pfister 근처에 있다. 시내의 오래된 곳들은 애니메이션의 작은 마을 분위기와 매우 흡사

바르톨디 뮤지엄(Musée Bartholdi)

Place du 2 Février(Square of 2 February)

하다. 또한, 콜마르에는 작은 베니스라 불리는 쁘띠 베니스, 자유의 여신상, 시계탑, 생마르탱 성당 등 관광지가 상당하다. 그래서인지 단체로 다니는 사람들이 눈에 띈다. 그것도 한두 그룹이 아니라 여러 그룹이다. 작은 시내에는 상당히 많은 방문객으로 가득하다. 현대건축이 많지 않은 도시라 잠깐 들르려고 방문한 나에게는 많은 방문객이 오는 이유가 궁금해졌다. 사람들의 취향과 관심이 나와 다르다는 그리고 작은 도시라도 수많은 관심거리가 있음을 짐작하게 한다. 그래서 조금 더 머물러 보고 싶어졌다.

의외로 많은 관광객을 피해 다니다 우연히 들린 곳이 2월 2일 광장Place du 2 Février: Square of 2 February이다. 녹색의 정원 광장인 몽타뉴 베르 광장Square de la Montagne Verte의 주변에는 오래된 공공도서관Bibliothèque Municipale de Colmar이 둘러싸고 있다. 단순한 곡선의 아치가 광장의 보행로에 반복되어 위치하고 아치 사이에는 의자를 놓고 주변에 식물을 넣었다. 그리고 자세히 보니 아치들 사이사이에 아주 가는 철사로 적절하게 물리적 경계를 만들어서 사람들의 움직임을 미세하게 조정하고 있다. 현대적 건축재료인 강철과 철사로 큰 거부감 없이 공간을 조절하는 뛰어난 디자인 속에서 휴식을 즐길 수 있다.

알자스 지방의 작은 도시는 알프스와 가까워 스위스나 독일의 다른 도시와 유사할 거로 생각했다. 그러나 이곳은 독일과 스위스와 다른 무언가 따뜻함이 배어있다. 독일의 실용적이고 명확한 것이 아닌, 그리고 스위스의 정밀하고 깔끔하게 정리된 것이 아닌 또 다른 그 무엇으로 가득 차 있다. 보이지 않고 표현할 수도 없지만, 이 도시를 활기차게 만드는 자유롭고 따뜻한 공기와 같은 잠재력을 가진 그것 때문에 방문객의 마음은 즐겁다. 괜한 프랑스 바람이 콧속으로 들어와서인지 도시를 걷는 걸음도 조금 달라졌다.

06 구마 겐고(Kuma Kengo)의 프락(FRAC)을 품은 중세 도시

브장송(Besançon), 프랑스(France)

브장송Besançon하면 도시 어디에서도 보인다는 브장송 성벽Citadelle Besançon, 프랑스의 작가 중 가장 유명하고 대중적인 작가인 빅토르 위고의 집Victor Hugo Birthplace, 2세기 로마의 개선문으로 마르쿠스 아우렐리우스의 승리를 기리기 위해 지어진 포르테 느와르Porte Noire, 천문시계Horgole Astronomique로 유명한 생 장 성당Saint Jean Cathedrale, 시계와 브장송의 역사에 관한 시간 박물관Museum Of Times 등이 대표적인 장소일 것이다. 매년 9월에 열리는 국제음악제도 유명하다. 이 도시는 오래된 역사와 관련된 유적과 건축도 많지만 의외로 눈여겨봐야 할 현대건축도 있다.

브장송에는 이 도시하고는 무관해 보이는 일본 현대 건축가 구마 겐고Kuma Kengo가 설계한 미술관이 도시를 관통해 흐르는 두Le Doubs강의 강변 한쪽에 있다. FRAC Franche-Comté다. 프랑스 지자체와 미술협회가 만든 현대미술관 프락은 오래된 도시의 그 어떤 공간보다도 깔끔하고 한적하고 평화로운 공간이다. 미술관의 규모는 주변의 건축물과 유사하지만, 미술관을 구성하는 건축 설계는 이전 시대의 어떤 건축물과도 다르게 완전히 새롭다.

FRAC Franche-Comté 전경

FRAC Franche-Comté 입구

FRAC Franche-Comté 외피와 디테일

전체적인 미술관의 규모는 상당히 큰데 건축물 입면은 잘게 쪼개진 사각형 나무 파편의 유닛들을 번갈아 사용해서 마치 작은 나무 판자를 엮어서 하나의 공간으로 만든 것처럼 보인다. 소위 현대건축의 복잡계 건축이다. 작은 단위의 유닛이 연결되면서 점차 형태와 공간으로 확장하는 것이다. 일본의 현대건축은 일본 전역뿐만 아니라 유럽에서도 인정받고 있음을 알 수 있다. 일본 미술이 평면적 회화로 1900년대 프랑스 회화에 커다란 영향을 주었는데 최근에는 일본의 복잡계 현대건축이 프랑스 문화에 또 다른 큰 역할을 하는 듯하다.

2000년대 프랑스의 유명한 미술관 분관의 상당수는 일본 건축가들에 의해 설계됐다. 퐁피두 메스Centre Pompidou-Metz는 시게루 반Shigeru Ban이, 루브르 랑스Louvre-Lens Museum는 SANAA가, 그

두강의 소방서(Sapeurs-pompiers du Doubs) 타워

리고 이곳도 일본 건축가 구마 겐고Kuma Kengo가 설계를 담당했다. 이러한 새로운 개념의 현대건축은 국적을 가리지 않고 능력을 인정하는 유럽 특히 프랑스의 문화는 아마도 오래전부터 외부에 관용 즉 톨레랑스Tolerance를 실행하는 문화와도 관련이 있을 듯하다.

또한, 브장송 도시의 서쪽 외곽에는 두강의 소방서Sapeurs-pompiers du Doubs가 위치한다. 기능적으로 공간을 구성하는 기존의 소방서에 익숙해서인지 언뜻 지나치면 소방서라 알기 어려울 정도로 세련된 건축물이다. 프랑스 건축가 프레드릭 보렐 아키텍테Frederic Borel Architecte의 작품이다. 브장송 시내로 들어가면서 우연히 발견한 건축인데 처음에는 높이 솟아있는 전망대 때문에 그리고 두 번째는 전망대 옆으로 펼쳐진 매스 때문에 눈에 띈다. 이런 디자인의 건축이 소방서라는 사실에 놀라 내부가 궁금해서 다음날 다시 한 번 가보았는데 실제 소방서 내부까지 들어가기는 어렵고

라 시티(La City)

외부에서만 봐야 해서 아쉬웠다.

건축 설계 자료를 찾아보니 소방서의 기능을 나누어서 응급 출동과 전망대 부분을 도로 쪽으로 배치하고 나머지 행정과 생활 공간을 옆으로 배치하면서 지붕을 겹쳐서 서로 자연스럽게 연결하였다. 도시 외곽에 위치해서 친환경적이며 자연 속에 어우러지도록 배치되어 고된 강도의 업무에도 잠시나마 휴식과 위안의 공간을 제공하고자 하는 의도가 보인다.

브장송 도심의 또 하나의 현대건축은 상업시설 라 시티La City이다. 도시를 보호하는 성인 보방Vauban의 성벽 맞은편 두Doubs 강둑에 위치한 라 시티는 비즈니스 센터, 언어 학습 공간CLA, 호텔, 편의시설 등으로 구성된다. 이곳은 아케텍처스튜디오Architecturestudio의 설계와 람볼리 건축사무소Lamboley Architectes Office의 기획으로 완성되었다. 외부 중정, 각층으로 가는 외부 계단, 그리고 유리 커튼월로 구성된 건축물 형태는 주변과 비교하면 상당히 과격해 보이는 현대건축이다. 대신 구도심을 바라볼 수 있는 좋은 전망과 쾌적한 공간은 브장송 도심에서 색다른 경험이 된다.

도시에는 지나온 시간과 역사만큼 다양한 지층이 쌓이기 마련이다. 그리고 오래된 도시에는 다양한 양식의 건축이 하나의 공간에 놓여있다. 건축은 시대별 양식이 명확해서 다양한 양식이 섞여 있다고 해도 그 차이를 알아보기 쉽다. 하나의 건축이 정확히 어떤 양식인지 모른다고 해도 옆에 다른 양식의 건축이 있다면 서로의 대비를 통해서 알 수 있다. 지금 갓 세운 현대건축 바로 옆에 1,000년이 넘은 건축이 공존한다는 것은 시간이 양립할 수 있다는 의미이다. 최근 멀티버스Multi-verse라는 개념으로 보면 서로 다른 시간과 공간의 세계관이 양립한다는 의미인데 실제 이런 개념을 이해하기는 쉽지 않다. 그러나 도시 속 건축의 경우에는 같은 공간에 특정한 시간이 차원을 뛰어넘어 다른 시대와 공존한다는 것이 가능한 듯 보인다. 2세기 로마 시대의 아치 옆에 2000년대의 건축이 서로 다른 건축의 옷을 입고 사이좋게 손잡고 있는 도시 브장송 속을 걸어 다니다 보면 멀티버스를 명확히 깨닫게 된다. 이렇게 건축을 통해 공간과 시간의 차이를 알게 된다.

CHAPTER 02

자연 속 작은 도시

최근 현대건축은 미술 분야처럼 스타 건축가를 중심으로 건축가마다 특성과 스타일를 만들고 자신만의 설계 특징을 지속하려고 하는 경향이 있다. 그런데 이 건축가는 그런 스타일을 매번 깨뜨리면서 새로운 건축을 설계한다는 것이 특징이다. 정말로 세상은 넓고 그만큼 건축도 많고 다양하다는 사실을 스위스의 작은 마을에서 절감한다.

07 호반 속 현대건축의 도시

로잔(Lausanne), 스위스(Switzerland)

스위스 로잔Lausanne하면 레만호수Lac Leman가 떠오른다. 여름 호숫가에 가면 바다처럼 드넓은 레만호를 바라보며 일광욕과 여유를 즐기는 사람들이 주변에 가득하다. 사람들이 이렇게도 산다고 생각할 정도로 우리의 도시와는 다른 삶과 생활환경을 가지고 있다. 한동안 넋을 놓고 풍경을 바라보고, 별일 없이 호숫가를 거니는 것만으로도 좋다. 스위스만의 여유 있는 삶의 환경도 부러울 정도로 좋지만, 이 도시에는 그보다 더 놀라운 근현대건축이 포진하고 있다. 레만호에 빼앗겼던 정신을 다시 차리고 하나씩 찾아가본다.

최근 로잔을 대표하는 현대건축은 아마도 일본 건축가 SANAA가 설계한 로잔대학교University of Lausanne의 도서관인 롤렉스 러닝 센터Rolex Learning Center일 것이다. 레만호 바로 옆에 있어 호숫가에서 걸어가도 좋다.

상당한 규모의 사각형 건축물인데 마치 낮은 저층의 유선형의 콘크리트 튜브가 움직이는 듯한 또는 두꺼운 종이판에 구멍을 뚫어 놓은 듯한 형태라 처음 대할 때는 건축물의 형태가 명확하게 인지되지 않는다. 하지만 가까이 가면 생각하지 못한 놀라운 공간이 드러난다. 아주 가끔 어쩔 수 없이 구조를 보강한 한두 개의 기

롤렉스 러닝 센터(Rolex Learning Center)

둥은 보이지만 공간 대부분에는 기둥 없이 노출 콘크리트의 바닥판만으로 도서관의 구조와 공간을 해결했다. 그리고 군데군데 뚫린 외부 중정 공간으로 빛이 내려온다. 건축물 바닥은 살짝 머리가 부딪칠 듯한 높이까지 들어 올려지는데 대지와 건축물 바닥 사이 공간은 자연스럽게 사람들이 지나다니는 동선과 통로와 휴식공간이 된다. 대지에 붙어 있어야 할 바닥판이 들어 올려져 그 위에 내부공간이 얹히고 새로운 노출 콘크리트 지붕이 덮인다. 그 덕에 내부공간도 경사로로 이루어져 있다.

이곳 도서관은 건물 내부의 바닥판은 평평해야 한다는 고정관념을 깬다. 경사로로 된 내부 공간을 직접 걸어 다녀보니 사용자는 조금 불편해하는 듯하고 공간 사용의 효율성도 떨어져 보인다. 그럼에도 불구하고 경사진 내부 공간은 우리에게 여러 가지 프로그램을 자유롭게 담아내는 공간의 유동성과 잠재성과 가변성이라는 공간의 새로움과 특별함을 선사한다.

롤렉스 러닝 센터(Rolex Learning Center) 하부공간

건축물 외부의 공중에 떠 있는 건물 바닥판 재료인 노출 콘크리트는 매우 매끈하게 시공되어 있어 주변의 빛과 색을 거울만큼이나 잘 반사해서, 외부 중정에 앉아 있으면 콘크리트 바닥판이 만들어내는 빛과 색의 현상학적 분위기의 향연을 즐길 수 있다. 전 세계적으로 가장 높은 수준이라는 일본 건축가 안도 다다오의 노출 콘크리트도 놀랍지만, 토목 강국인 스위스의 노출 콘크리트도 일본 버금가는 수준임을 금방 알 수 있다. 여름날 무더위 속에서도 노출 콘크리트의 건물 바닥 자체가 그늘을 만들어주니 현대건축이 뿜어내는 현상학적 공간 속에 앉아 호수에서 부는 바람을 맞으면서 딱딱한 바게트 샌드위치를 먹으며 쉬는 것도 커다란 즐거움으로 다가온다. 로잔대학교에는 롤렉스 러닝 센터 이외에도 EPFL Pavilions, Bâtiment Med. Arcade 등 눈에 띄는 많은 현대건축이 있으니 시간을 내서 다 둘러봐야 한다.

롤렉스 러닝 센터(Rolex Learning Center) 내부공간

롤렉스 러닝 센터(Rolex Learning Center) 외부중정

로잔대학교 메디컬 센터 아케이드
(University of Lausanne Bâtiment Med. Arcade)

롤렉스 러닝 센터에서 멀지 않은 곳인 로잔역 바로 앞에 포르투갈 건축가 아이레스 마테우스Aires Mateus의 포토 엘리제Photo Elysee가 2022년 6월 개관했다. 이곳은 로잔 기차역 옆 플랫폼 10에 위치해서 기차로 로잔에 도착하는 사람은 누구도 그냥 지나칠 수 없는 곳이다. 건축가는 포르투갈 전통인 백색 건축의 후예답게 단순한 흰색 박스를 만들고 그 하부 부분을 과감하게 사선으로 열어 기존과는 다른 공간을 보여준다. 개인적으로 현대건축의 스위스 화이트 박스에 익숙한 스위스 사람에게 포르투갈 백색 미니멀리즘 건축인 포토 엘리제가 어떻게 보일까 궁금하다. 스위스 미니멀리즘과 유사하지만 또 다른 포르투갈의 미니멀리즘은 이곳 로잔에서 자신의 존재감을 어떻게 드러내고 지킬까?

레만호수를 따라 한참 가다 보면 르 코르뷔지에Le Corbusier의 부모님 주택인 빌라 르 라크Villa Le Lac가 나온다. 이름도 '호숫가 집Villa Le Lac'이라고 지었다. 전 세계에서 가장 유명한 근대건축가가 젊은 시절 부모님을 위한 작은 집을 설계한 것이다. 작은 주택이지만 주택이 들어선 대지, 사이트가 얼마나 중요한지 그리고 그곳의 놀라운 전망과 작은 공간이지만 그만의 공간구성 원리를 엿볼 수 있다.

스위스는 크지 않은 국가이지만 취리히Zürich, 바젤Basel, 루체른Luzern, 베른Bern 등 인기 있는 도시들이 많고 쿠어Chur, 발스Vals, 멘드리시오Mendrisio 등 건축으로 유명한 곳도 즐비하니 로잔까지 갈 기회를 내기가 쉽지 않다. 그러나 로잔대학교의 현대건축을 가 보는 것만으로도 로잔을 들를 가치는 충분하다. 거기에 르 코르뷔지에 초기 주택과 아이레스 마테우스의 최신작까지 볼 수 있다면 꼭 가야 하는 건축의 성지임이 분명하다. 대신 로잔을 위해서는 시간과 비용과 정성을 쏟아야 하고 다른 곳을 포기해야 하는 대가가 따르는 것을 감수해야 한다. 가지 않은 길에 대한 아쉬움과 미련을 남기지 않으려 무리하게 간 덕에 밤늦게까지 헤매며 운전하는 생고생을 했지만 돌아오는 길 마음속에서는 행복이 스멀스멀 올라왔고 괜히 입가에 웃음이 흘러나왔다. 운전해서 같이 간 친구에게 고마움과 미안함이 겹쳐졌다.

08 스위스 건축가 발레리오 올지아티(Valerio Olgiati)의 도시

플림스(Flims), 스위스(Switzerland)

스위스는 우리가 들어서 익히 알고 있는 취리히Zurich, 제네바Genève와 같은 대도시보다는 작은 도시나 심지어 그보다 더 작은 마을이 많다. 스위스를 여행하다 보면 도시 이름을 처음 들어보는 곳이 대부분이다. 특히 스위스의 현대건축은 대도시에도 많지만 종종 작은 시골 마을에서도 볼 수 있다. 최근에는 스위스 건축가들의 능력이 뛰어나고 그 활약이 대단해서 한국을 비롯한 세계 곳곳에서 쉽게 찾아볼 수 있고 스위스 산속 마을 좁은 농가의 길을 가다가도 그들의 현대건축을 맞닥뜨리기도 한다. 스위스의 빼어난 자연과 전원풍경의 배경 속에 그들의 현대건축이 무심하게 툭 던져져 놓여 있는 듯해서 더 눈에 띄는지도 모른다. 스위스 건축가 중에서도 발레리오 올지아티Valerio Olgiati의 건축물은 유독 작은 마을에 있다. 플림스Flims를 중심으로 주변의 마을 속에 숨어 있는 현대건축을 하나씩 도장 깨기 할 수 있을 정도이다.

플림스 시내의 겔베 하우스Das Gelbe Haus는 산뜻한 흰색의 직육면체 박스 건물이다. 마을 중심 도로변에 있어 눈에 잘 띈다. 원래는 노란색의 오래된 건축물이었는데 발레리오 올지아티에 의해 새롭게 리모델링되면서 흰색의 건축으로 바뀌었다. 그런데 건축물 이름은 아직도 노란색 집이다. 건축 프로젝트의 이름은 건축주나 특별한 상황이면 그에 따라 짓지만, 보통은 편의상 행정 주소를

겔베 하우스(Das Gelbe Haus), 플림스(Flims)

이용한다. 그래서 건축 작품에서 제목이 갖는 의미가 크지 않다. 물론 유명한 건축이나 한국의 경우에는 별명처럼 별도의 이름을 짓기도 한다. 이곳의 이름은 건축물이 가지고 있는 소역사를 대변한다. 건축 작품의 이름만으로도 기존의 건축과는 다른 비참조적 건축Non-referential Architecture이다. 마치 현대화가 르네 마그리트Rene Magritte가 그림의 내용과 제목을 다르게 해서 주의를 끈 현대 회화의 접근법과 같은 방법이 아닐까 추측해본다.

플림스를 가는 가장 중요한 이유는 아마도 젠다 스트레트가 1Senda Stretga 1에 있는 건축가 발레리오 올지아티Valerio Olgiati 건축 사무소 때문일 것이다. 물론 내부를 직접 들어가 보기 어렵지만 그리고 일상을 사는 사람에게는 낯선 이의 방문이 매우 실례겠지만, 건축가나 건축을 공부하는 사람에게는 외부만을 보는 것만으

젠다 스트레트가 1(Senda Stretga 1), 플림스(Flims)

로도 큰 의미가 부여될 수도 있다. 이곳은 마을을 가로지르는 큰 도로변에 있어 쿠어Chur 시내 언덕배기의 작은 골목에 있는 페터 춤토르Peter Zumthor의 건축사사무소처럼 고생스럽게 찾아가지 않아도 된다. 건축가 특유의 노출 콘크리트와 주변 전통 건축의 검은색 나무를 이용한 단순한 박공의 건물인데 주변의 오래된 전통 스위스 건축물과 잘 어울린다. 옆 골목으로 올라가면 주택의 후면도 볼 수 있다.

플림스에서 조금 떨어진 작은 도시 란콰르Landquar의 플란타호프Plantahof는 낙농업에 관련된 학교다. 학교는 서너 개의 서로 다른 건물로 이루어져 있는데 그중 하나가 올지아티가 설계한 노출 콘크리트로 만든 현대건축물이다.

작은 규모와 내력벽 구조의 노출 콘크리트 덕에 기둥이 필요 없을 수도 있지만, 이곳에서 가장 중요한 구조체인 단 하나의 거

플란타호프(Plantahof), 란콰르(Landquar)

대한 기둥은 사선으로 건물의 외부 바닥에서부터 시작해 벽을 뚫고 내부의 천장까지 전체 건물을 떠받치는 형국이다. 이런 작은 마을의 학교가 세계적인 건축가의 손에 의해 설계되었다는 사실이 놀랍다. 이 공간을 이용하는 학생들은 설계한 건축가가 누구인지, 얼마나 유명한 사람인지 알까 궁금하다. 아마도 이 사실을 모른 듯 천진난만하게 수업 준비하며 장난치는 학생들이 오히려 정겹다.

남쪽으로 내려가다 보면 나타나는 돔레슉Domleschg의 학교Schulhaus: Palperz High School는 말 그대로 지역 고등학교다. 단순한 노출 콘크리트 박스가 산비탈에 세워졌다. 학교 앞에는 자전거 거치대가 놓여있다. 스위스 자전거 거치대의 형태는 항상 눈에 띄는데 특이하게도 직사광선, 눈, 비를 피하기 위해서인지 거의 지붕이 있다. 이곳의 자전거 거치대는 학교 설계할 때 같이 한 듯 건축물

돔레슉(Domleschg)의 학교(Schulhaus: Palperz High School)

과 동일한 건축재료로 되어있다. 학교를 겉에서 보면 건물의 형태보다는 창의 위치에 눈이 가는데 건물 사면 모든 면에 비대칭적인 수평의 창이 있다. 한 층에 놓여있는 교실의 위치가 회전하듯 배치되어서 그에 따른 창의 위치가 외부 파사드로 표현된 것이다. 단순하지만 명쾌한 새로운 공간구성이 놀랍다. 이곳은 내부 공간구성이 비참조적이다.

돔레슉에서 멀지 않은 곳 샤란즈Scharans의 아뜰리에 바딜Atelier Bardill은 오래된 농가를 새롭게 건축한 곳이다. 건축주는 시인이자 뮤지션이다. 본인이 머물기도 하고 작업도 하고 외부인도 초청할 수 있는 공간을 희망했다. 올지아티는 어두운 붉은 콘크리트를 이용하여 존재감 있으면서도 스위스 오래된 마을에 예전부터 있었던 것 같은 아뜰리에를 설계했다. 이곳에서 사용한 적색의 노

아뜰리에 바딜(Atelier Bardill), 샤란즈(Scharans)

출 콘크리트로 인해 이후 건축가의 트레이드 마크가 된 듯한데 가까이 가서 보면 콘크리트 벽 위에 크고 작은 꽃무늬 패턴이 있다. 시공할때 하나씩 하나씩 패턴 디테일이 들어간 거푸집을 제작한 노력이 대단하다. 햇빛을 받으면 많이 튀어나오지도 않은 꽃에 작은 그림자가 생겨 다른 벽과의 차이를 낸다. 내부는 한쪽을 중정으로 과감하게 비워서 좁은 건축에 대담한 보이드Void를 품게 했다. 그 결과 찾아가기도 어렵고 좁은 길에 주차도 쉽지 않은 곳이지만 많은 사람이 방문하는 명소가 되었다. 건축재료와 공간구성의 측면에서 기존에는 없는 비참조적 건축이다. 기존의 건축을 거부하고 자신만의 건축적 개념을 고집하는 발레리오 올지아티의 건축은 비참조적 건축Non-referential Architecture으로 알려져 있다. 새로운 건축 프로젝트에 매번 지금까지의 건축과 다른 개념과 공간

구성을 넣는다는 것은 엄청난 일이다.

최근 현대건축은 미술 분야처럼 스타 건축가를 중심으로 건축가마다 특성과 스타일를 만들고 자신만의 설계 특징을 지속하려고 하는 경향이 있다. 그런데 이 건축가는 그런 스타일을 매번 깨뜨리면서 새로운 건축을 설계한다는 것이 특징이다. 정말로 세상은 넓고 그만큼 건축도 많고 다양하다는 사실을 스위스의 작은 마을에서 절감한다.

09 페터 춤토르(Peter Zumthor)와 스위스 현대건축의 보고

쿠어(Chur), 스위스(Switzerland)

최신 스위스 현대건축을 답사하려면 쿠어Chur에 가야 한다. 쿠어는 스위스 동남부 지역인 그라우뷘덴Graubünden 주의 주도이자 가장 큰 도시이다. 스위스에서는 크다고 하지만 우리의 스케일로 본다면 인구 4만 명이 안 되는 그리 크지 않은 도시인데 막상 가보면 페터 춤토르Peter Zumthor를 포함한 내놓으라 하는 스위스 현대 건축가의 작품들이 도시 곳곳에 포진하고 있다.

쿠어를 방문하는 가장 크고 중요한 이유는 아마도 이곳 로마

로마 유적 보호소(Shelter for Roman Ruins)

레티세 뮤지엄(Rätisches Museum)

유적 보호소Shelter for Roman Ruins를 방문하기 위함일 것이다. 로마 유적을 보호하기 위한 크지 않은 현상학적 공간이다. 로마라는 떨림의 시간을 가로지르며 역사적 순간을 얼려놓은 듯한 공간 속 빛의 향연을 나 홀로 만날 수 있다. 그리고 현장을 방문하면서 말 그대로 유적을 어떻게 보호하고 보존할 것이냐에 대한 질문과 답을 고민해 볼 시간이 된다. 이곳은 쿠어 시내에서 살짝 떨어진 곳인 브람브뢰쉬Brambrüesch로 가는 곤돌라가 있는 곳 바로 옆에 위치한다. 주변은 한가롭고 사람도 별로 없다. 다른 곳에서 여기를 방문하기 위해 바로 왔다면 헛걸음 아닌 헛걸음을 한 것이다. 쿠어 기차역이나 근처 레티세 뮤지엄Rätisches Museum에 가서 열쇠를 받아와야 한다.

이곳은 방문객이 직접 문을 열고 들어가야 하는 곳이다. 유럽에서 매번 비싼 입장료 내고 주눅 들면서 들어가는 다른 뮤지엄과는 다르게 열쇠를 찾는 약간의 발품이라는 수고를 들이면 나만의 박물관이 되는 것이다. 건축물 외부는 나무로 된 수평 루버로 감싼 두 개의 박스가 전부다. 들어가는 입구도 예사롭지 않다. 출입구가 지상에서 살짝 떠 있다.

출입문을 마주하고 오래된 열쇠를 열쇠 구멍에 넣어 돌리면 드디어 과거로의 여행이 시작된다. 문을 열고 들어가면 가운데 임시로 만든 듯한 통로를 중심으로 로마 유적의 흔적이 펼쳐지면서 그대로 드러난다. 내부 공간은 전체적으로 어둑한데 수평 루버 사이와 천창에서 들어오는 빛이 전부이다. 빛을 이용하여 공간이 분위기를 만드는 페터 춤토르의 건축을 혼자서 또는 친한 동료와 오롯이 즐길 수 있는 최고의 공간이다. 스위스를 다니다 보면 가끔 이와 비슷한 경험을 하게 된다. 작고 많은 사람이 방문하지 않는 곳이라도 폐쇄하거나 없애지 않고 소중하게 유지하면서 꼭 필요한

로마 유적 보호소(Shelter for Roman Ruins) 입구

쿠어 노인 주거(Residential Home for the Elderly)

사람이 방문할 때는 언제나 직접 열고 들어갈 수 있는 장소를 만든다. 효율성으로 결과를 판단하는 사회에서는 나타날 수 없는 시스템이다.

쿠어 시내의 산비탈에는 노인을 위한 주거Residential Home for the Elderly가 있다. 노인 주거 단지 카도나우Cadonau의 일부 단지도 페터 춤토르가 설계한 곳이다. 어르신을 위한 공동 주거 단지라 방문이 조심스럽지만 방해만 하지 않으면 입구와 건축물 외부 정도는 답사가 가능하다. 워낙 단지 내 다른 건축물과 함께 구성된 복합 단지이며 주변에 새로운 현대건축도 많이 들어서 있다. 그중에서도 페터 춤토르가 설계한 곳은 낮게 깔린 매스와 독특한 공간 구성과 입면으로 인해 눈에 띈다. 고요함과 평화로움을 알 수 있는 공간이다. 주변에 지나다니는 사람이 없고 너무 조용해서 오히려 조심스럽게 발길을 움직여야 할 정도이다.

건축사사무소 페터 춤토르 아뜰리에Atelier Peter Zumthor는 쿠

페터 춤토르 아뜰리에(Atelier Peter Zumthor)

어 시내에서 조금 떨어진 외곽에 있다. 시내에서 자동차가 아니면 가기 불편하고 자동차로도 쉽지 않은 좁은 산길을 한참 가야 한다. 이곳에서 일하는 사람은 어떻게 출퇴근할까, 점심은 어떻게 할까? 등 괜한 걱정을 하면서 가는데 도착해 보면 생각보다 평범한 나무 루버로 감싼 아뜰리에가 나온다. 많은 건축인이 방문하는 듯 건물은 꽤 외부에 방어적이다. 이런 환경에서 세계적인 건축 작품이 나온다는 것이 믿어지지 않을 정도로 평범하다. 평범 속의 비범함을 알 수 있는 곳이다. 개인적으로 잘 알지도 못하고 외부인에게 개방하는 것도 아니어서 건축 외부만 둘러보다 다시 쿠어 시내로 나선다.

쿠어 도심에 무심하게 솟아있는 가톨릭 하일리히크로이즈 교회Katholische Heiligkreuzkirche는 과감한 노출 콘크리트의 조형성을 유감없이 보여준다. 형태와 건축재료로 보면 과도해 보이지만, 공간

가톨릭 하일리히크로이즈 교회(Katholische Heiligkreuzkirche)

구성은 과감과 절제의 경계를 잘 지키고 있다.

이곳은 외부 형태보다는 중정에서 보여주는 다양한 빛과 그림자의 공간이 예배라는 종교 공간으로서 더 잘 어울린다. 노출 콘크리트로 시공한 아주 작은 부분도 그냥 넘어가지 않고 정성 들여 조각조각 빚은 듯한 교회는 그 노력만으로도 높은 평가를 받아야 마땅하다. 1969년 스위스 건축가 발터 마리아 푀어데러Walter Maria Förderer에 의해 설계되었다. 외부 중정에서 바라보는 스위스의 험준한 산과 하늘의 풍경은 종교 공간의 순수함과 신성한 공간의 분위기 형성에 한몫 한다. 아무도 없는 교회에 잠깐 머무는 순간에도 다양한 공간구성으로 인해 건축 그 자체만으로도 놀라운 경험을 하게 된다.

쿠어 시내로 가면 뷘드너 쿤스트 뮤지엄Bündner Kunstmuseum을

뷘드너 쿤스트 뮤지엄(Bündner Kunstmuseum)

볼 수 있다. 알베르토 베이가Alberto Veiga와 파브리지오 바로찌Fabrizio Barozzi가 설계한 또 하나의 놀라운 미니멀리즘 스위스 박스 건축물이다. 스위스 박스는 스위스 현대건축에서 많이 사용하는 단순한 기하학적 박스 형태의 건축물을 말한다.

기존의 오래된 뮤지엄 옆쪽에 도시의 광장과 도로 편으로 새로운 건축물을 증축했다. 에스튜디오 바로찌 베이가Estudio Barozzi Veiga 건축사사무소를 운영하는 스페인 건축가의 역작이다. 단순한 직육면체의 박스가 단순한 하나의 박스가 아니라 그 속에 무수한 비례와 비율의 고민과 기하학이 숨겨져 있다는 사실을 건축 입면에 고스란히 드러내고 있다. 내부의 로비는 외부에서 전혀 상상하지 못할 놀라운 천장이 펼쳐진다. 기존과 다른 내부 전시공간과 로비의 천장 디자인은 스위스 현대건축 미술관들의 공통점이다.

그로스라츠게보이데(Grossratsgebäude)

뮤지엄 가까운 곳에 발레리오 올지아티Valerio Olgiati의 그로스라츠게보이데Grossratsgebäude가 있다. 이름만 보면 의회 건물로 해석된다. 건축물 자체가 크지 않고 권위를 내세운 건축물도 아니라서 의회가 맞나 싶다. 그런데 입구를 구성하는 독특한 디자인이 눈에 띈다. 오래된 건축물의 입구를 증축한 곳인데 꽃잎 형태의 흰색에 가까운 노출 콘크리트가 입구를 적절하게 가리고 서 있다. 입구에 놓인 경사로Ramp가 기능적이기보다는 새로운 입구와 연결된 디자인적인 요소로 다가온다. 증축된 부분의 매끈한 표면은 시공이 아주 잘 된 덕에 마치 흰색 모르타르처럼 보이는데 자세히 보면 노출 콘크리트다. 일본 안도 다다오의 노출 콘크리트만 알고 있던 편견이 스위스 오면 완전히 깨진다. 그리고 르코르뷔지에의 노출 콘크리트 출처도, 헤르조그 앤드 드 뫼롱의 돌망태 기원도

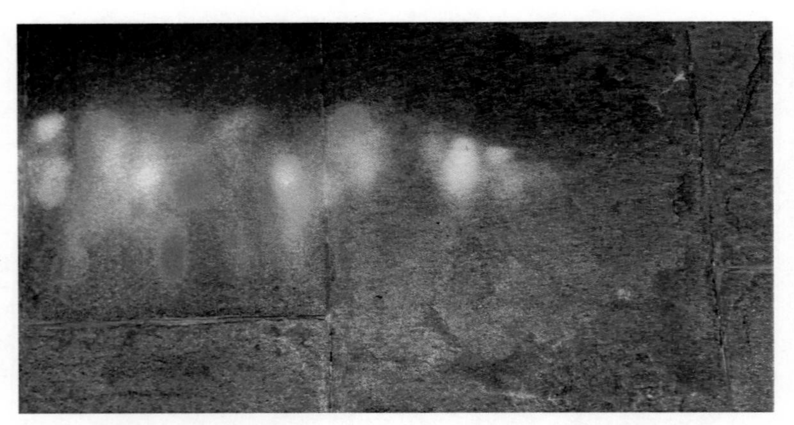

쿠어 성모승천 성당(Cathedral of Saint Mary of the Assumption) 바닥

알 수 있다. 다양하면서 새롭게 느껴졌던 그들의 건축이 알고 보니 스위스의 토목에서 사용하던 방법을 건축에 접목한 것이라는 사실을 발견하게 되는 순간 마치 새가 알을 깨고 나오는 순간처럼 기존의 틀을 깨고 새로운 건축을 할 수 있을 것 같은 깨달음과 자신감이 머릿속을 강타한다.

쿠어 시내 산비탈의 고급 주택 사이에는 발레리오 올지아티가 설계한 상당한 규모의 드라이파밀리엔하우스Dreifamilienhaus가 있다. 내부 공간을 방문하기는 어렵지만, 외부만 보더라도 올지아티라는 건축가가 설계했다는 티가 난다. 얇고 가는 노출 콘크리트 기둥이 3층의 주택을 받치고 있다. 유리가 많은 그리고 테라스가 넓은 전망 좋은 주택이다. 전체적으로 투명하고 가벼운 건축물이다. 세련된 현대건축이 오래된 전통주택과 같이 어울려서 자연의 품속에 놓여있다.

쿠어라는 크지 않은 스위스 도시는 도시의 크기에 비해 엄청난 현대건축물들로 가득 차 있어 미어터질 지경이다. 그뿐만 아니라 간혹 들리는 오래된 성당 바닥은 빛과 색으로 물들어 있다. 이 도시는 고개를 돌릴 때마다 계속 나타나는 놀라운 건축물로 둘러싸인 작지만 큰 도시이다. 비탈길을 달리기도 하고 시내의 일방통행을 지나면서도 계속 고개를 좌우로 살펴봐야 할 정도로 현대건축의 보고이자 지붕 없는 현대건축의 박물관이다. 건축에 취해서 좁은 길을 가다 사고 날지도 모르니 운전할 경우 조심하자.

10 크리스티앙 케레즈(Christian Kerez)의 깊은 계곡 속 작은 도시

바두츠(Vaduz), 리히텐슈타인(Liechtenstein)

유럽에서 도시 정도로 규모가 작은 도시국가 하면 떠오르는 곳이 바티칸 시티Vatican City, 산 마르코San Marino, 모나코Monaco, 안도라Andorra, 리히텐슈타인Liechtenstein 등이다. 그중 오늘의 주인공은 스위스와 오스트리아 사이에 있는 리히텐슈타인이다. 국가의 크기는 남북으로 25km, 동서로 6km 정도 뻗어 있으며 세계에서 여섯 번째로 작고 유럽에서는 네 번째로 작은 나라이다. 인구는 약 3만 명 정도이니 많은 사람이 서로의 얼굴을 알 정도로 작은

바두츠(Vaduz) 도시 풍경

도시국가이다. 이 작은 국가는 1719년 통일되어 리히텐슈타인 후국을 형성하였고 신성 로마 제국 직속이 된다. 리히텐슈타인의 수도 바두츠Vaduz는 언덕 위 바두츠 성과 그 아래 보행자 거리로 대비되는 도심을 가지고 있다.

오전에 해가 떠도 바두츠 도심은 깊은 계곡 안쪽과도 같아 아직 햇빛으로 물들지 않는다. 도심을 덮는 꼬리가 긴 그림자는 바두츠 성이 위치하는 높은 언덕 때문이다. 도심에 가득 찬 푸르스름함이 마치 백야 같기도 하다. 날은 밝은데 그림자 속에 있는 도심의 보행자 거리는 강렬한 햇빛에 익숙한 사람들에게는 오히려 낯설다. 그 덕에 여름에도 덥지 않아 길을 걷기는 다른 곳보다 수월하다. 그리 크지 않은 도심의 보행자 거리를 걷다 보면 다양한 건축물들이 보인다.

도심에서 가장 눈에 띄는 곳인 리히텐슈타인 뮤지엄Kunstmuseum Liechtenstein과 힐티 아트 재단Hilti Art Fundation은 바로 옆에 서로 붙어 있다. 이곳이 바로 멀리서 일부러 바두츠를 찾아오게 한 이유다. 차이는 있겠지만 개인적으로 미슐랭 가이드 기준으로 평가한다면 별 3개짜리다. 이곳을 위해 일부러 여행할 가치가 있다. 스위스 건축가 마인라드 모르거, 하인리히 드겔로, 크리스티앙 케레즈Meinrad Morger, Heinrich Degelo and Christian Kerez가 설계했다. 여기도 스위스 미니멀리즘을 대표하는 단순한 스위스 박스 형태를 가지고 있다. 그런데 외피는 일반 미술관이 가지는 화이트 박스가 아니라 푸른 아니 검은색에 더 가까운 블루블랙박스다. 단순한 기하학적 외부 형태와는 다르게 내부 전시공간은 천장

리히텐슈타인 뮤지엄(Kunstmuseum Liechtenstein)

에 힘을 줬다. 화이트 큐브라는 전시공간에 미술 작품 위 스포트라이트Spot Light를 이용한 고전적 전시공간을 천장 전체에 간접등을 넣고 상황에 따라 지속적으로 변하게 만듦으로써 과감한 변화를 주었다. 겉은 블랙 자수에 안감은 흰색의 우아한 매트 스팽클을 달아놓은 튜브 탑 드레스 같다. 크리스티앙 케레즈는 최근 주목받는 스위스 건축가답게 단순하지만 자세히 보면 복잡한 디테일을 갖는 아이러니한 미니멀리즘의 스위스 현대건축을 전시공간에 담았다.

뮤지엄 옆 힐티 아트 재단은 리히텐슈타인 뮤지엄과 비슷하면서도 다른 전형적인 스위스 화이트 박스이다. 이곳은 리히텐슈타인 미술계에 큰 영향력을 지닌 문화 재단의 공간이다. 1층이 유명한 스위스 시계 매장으로 어느 정도 재단의 경제적, 사회적 상징성을 부여한 듯 보인다. 또한, 반대쪽 박물관 옆 골목에 살짝 숨

리히텐슈타인 뮤지엄(Kunstmuseum Liechtenstein) 전시공간

겨져 있는 페르난도 보테로Fernando Botero의 풍만한 여인의 조각은 마르기만 한 이곳 사람과 대비되어 더 사랑스럽다. 처음 발견했을 때는 살짝 당황스러운데, 누워있는 여인 조각의 발가락에서 조각가 특유의 친밀함이 흘러넘친다.

또 하나 눈여겨봐야 할 곳은 란드탁 리히텐슈타인Landtag des Fürstentums Liechtenstein이다. 독일 건축가 한즈죄르그 괴리츠Hansjörg Göritz가 설계했다. 란드탁Landtag은 의회Paliament를 뜻한다. 오래된 의회 건물 옆에 새로운 건축이 들어서 있다. 그런데 독일 건축가의 작품이라니 조금 의아했다. 의회라는 공공 건축은 정치적 사회적 상징성으로 관련 있는 건축가가 설계하는 것이 보통이다. 특이한 사례인 에든버러의 스코틀랜드 의회는 스페인 건축가 엔릭 미라예스가 했는데 그 경우는 건축 디자인의 자유로움이 정치적 열망과 부합하는 듯한 의미를 부여할 수 있다. 물론 이곳도

란드탁 리히텐슈타인(Landtag des Fürstentums Liechtenstein)

그와 유사한 중요한 의미와 정치적 제스처가 있겠지만, 쉽지 않은 결정이었으리라 추측해본다.

건축에 대한 다른 측면의 배경과 관점은 접어두고 일단 건축물을 대해보니 주변 건축물들과는 차이가 나서 신선하다. 오래된 의회 건물과 대비되는 단순하면서도 명확한 기하학적 형태도 좋고 주변과 어울리는 매스감도 좋다. 제일 놀라운 것은 벽돌이 바닥에서부터 지붕까지 전체를 뒤덮은 것이다. 단순함의 표상인 작은 벽돌 하나에서 시작하여 쌓이고 모이고 정리되면서 하나의 건축이 된다. 의회의 의미가 바로 이런 것이 아닐까? 시민 개개인이 모여서 도시가 되고 정부가 되고 국가가 된다. 아주 단순하면서도 명확한 이 진리를 새로운 의회 건축은 24시간 말하고 서 있다.

처음 가보는 도시와 거리와 건축은 항상 긴장도 주고 기대도 준다. 가기 전 정해놓은 꼭 가봐야 할 곳은 도시에 도착하자마자 제일 먼저 찾게 된다. 원하는 만큼 충분히 살펴보고 나면 주변을 편하게 돌아다닌다. 골목길을 다니며 길을 잃기도 하고 다시 제자리로 돌아오기도 하면서 도시 속을 헤맨다. 내가 아무리 샅샅이 찾는다 해도 도시에 숨어 있는 건축을 다 찾지는 못한다. 도시를 떠나고 나서 좋은 건축물이 있다는 것을 알게 되기도 한다. 그런 아쉬움을 적게 하려고 신발이 닳도록 열심히 걸어 다닌다. 그러는 동안 내가 모르는 숨어 있는 건축이 나에게 다가온다. 지쳐서 벤치에 앉아 있으면 저만치에서 손짓한다. 현상학의 대가 모리스 메를로 퐁티가 주장한 신체의 현상학이나 살의 존재론이 느껴진다. 조금만 더, 하나만 더 찾아보자고 지친 발걸음을 내디딘다. 건축과 나의 숨바꼭질은 힘들지만 재미있다. 바두츠처럼 작은 도시는 걸어 다니면서 마음껏 보물찾기 놀이를 할 수 있어서 더 좋다. 결국, 마음에 드는 건축물을 찾아내서 대면한다. 아니 그 살 속으로 들어간다. 이전에는 몰랐던, 계획에도 없었던, 그러나 내 마음에 쏙 드는 건축물을 찾아내고 열심히 눈과 사진으로 기록하면서 외부공간 몇 바퀴 돌고 들어갈 수 있으면 내부 공간을 경험한다. 이렇게 배우는 건축 공부는 절대 잊혀지지 않는다. 다른 공부는 엉덩이 힘으로 한다는데 건축 공부는 발로 하는 것이 맞다. 물론 손과 머리도 거들어야지!

11 오페라의 새로운 실험 도시

브레겐츠(Bregenz), 오스트리아(Austria)

오페라의 세계적인 성지를 꼽는다면 밀라노 라 스칼라 극장 Teatro alla Scala, 비엔나 슈타츠오퍼Wiener Staatsoper, 파리 오페라 가르니에Opéra Garnier, 뉴욕 메트로폴리탄 오페라 극장Metropolitan Opera House이 떠오른다. 이와 함께 여름밤 야외 베로나 원형 경기장Verona Arena, 바그너와 관련된 바이로이트 축제 극장Bayreuth Festival Theatre도 유명하다. 최근 오스트리아 브레겐츠Bregenz는 여름마다 초대형 오페라 축제Bregenzer Festspiele로 문전성시다. 이곳은 1980년부터 수상 무대를 이용하여 매번 새로운 오페라 퍼포먼스를 펼쳐왔다. 2007년 푸치니의 토스카Tosca를 공연했을 때 007 퀀텀 오브 솔러스Quantum of Solace의 촬영 장소로 유명세를 치렀다. 2022년에는 자코모 푸치니Giacomo Puccini의 나비부인Madame Butterfly을 공연했다. 매번 오페라 공연의 무대가 화제가 되는데 나비부인의 무대장치는 또 한 번 우리에게 놀라움을 안겨준다. 종이접기와 같은 무대장치는 현대건축의 위상학적 개념도 보이고 마치 동양 실크의 옷감처럼 주름Pli 진 무대에는 자세히 보면 오페라 나비부인 배경인 일본의 산수화가 그려져 있다. 이곳은 한여름 밤의 화려한 꿈과도 같다.

브레겐츠에는 오페라 말고도 특별한 현대건축이 많다. 역 가까이 호숫가에 있는 오페라 축제에서 브레겐츠 역 건너 시내와 호

2022 브레겐츠 오페라 축제(Bregenzer Festspiele)

수를 따라 지나는 중심 도로에서 도심 쪽에 있는 쿤스트하우스 브레겐츠Kunsthaus Bregenz: KUB는 스위스 건축가 페터 춤토르가 설계한 미술관이다. 스위스 현대건축의 형태가 육면체 박스로 설계되는 경우가 많아 소위 스위스 박스Swiss Box라는 단순한 반투명한 유리 박스에 불구하지만, 자세히 보면 입면을 구성하는 반투명한 유리가 서로 붙어 있지 않고 약간씩 틀어져 있다. 건축 외부의 디테일은 미니멀리즘일수록 오히려 새롭고 기존 것과는 완전히 달라서 미술관으로 가까이 다가갈수록 더 놀랍다.

이곳에 오면 라이프니츠의 애매－판명과 명석－혼잡이라는 개념을 건축적으로 명확하게 이해가 된다. 멀리서 미술관을 바라보면 미니멀리즘의 매스라는 사실은 판명되지만 자세한 디테일은 잘 알 수 없는 건축의 애매함이 있다. 미술관으로 가까이 다가갈

쿤스트하우스 브레겐츠(Kunsthaus Bregenz: KUB)

수록 건축의 디테일이 매우 혼잡해지면서 미술관이라는 건축이 명석하게 드러난다. 이 명석하고 혼잡한 디테일이 모여서 미술관으로 판명되는 것이다. 자연 현상과 사회 현상이 멀리서 명확하게 드러나지 않는 잠재적인 상황에서 볼 때와 가까이 현실적인 것을 볼 때 서로 달라지지만 동일한 것이라는 사실을 이곳을 보면서 다시 한 번 알게 된다. 그래서 진리는 멀리 있기도 하고 동시에 가까이 있기도 한 것인지도 모른다.

멀리 거리를 두고 광장에서 바라보면 미술관 반투명 유리 박스 안에 흰색의 계단이 어스름하게 보인다. 역광으로 햇빛이 강하게 비출 때면 반투명 유리 박스의 테두리가 빛이 난다. 미술관은 단순한 직선의 기하학으로 구성되어 있는데 미술관 외부 바닥은 단순한 직선의 미술관과 대비되는 자유로운 곡선으로 그려져 있고

쿤스트하우스 브레겐츠(Kunsthaus Bregenz: KUB) 외부공간

곡선이 만든 공간을 따라 아이들은 마냥 즐겁게 뛰어논다. 작은 오차도 없이 숨 막히게 완벽한 듯 지어놓은 미술관과 도시 공간의 정적은 아이들의 웃음소리에 의해 현실의 일상세계로 내려온다. 사용자의 움직임이 미술관의 공간을 완성시키는 가장 중요한 요소인 듯 느껴진다.

쿤스트하우스 브레겐츠 옆에는 보랄베르그 뮤지엄Vorarlberg Museum이 위치한다. 뮤지엄 형태도 옆 미술관과 매우 유사하다. 흰색의 박스다. 그런데 가까이 다가가니 멀리서 보이지 않았던 뭔가가 미술관 전체를 덮고 있다. 자세히 보니 작은 꽃무늬다. 동백꽃 같기도 하다. 이 디테일은 자그마치 16,656개라는데 페트병 바닥을 이용하여 만들었다고 한다. 이런 디테일을 어떻게 생각해냈고 시공했을까 의구심이 든다. 단순한데 가만히 보면 매우 복잡한 형태. 이것이 스위스 현대건축의 보편적인 표현 기법인 듯하다.

보랄베르그 뮤지엄(Vorarlberg Museum)

독일 건축가 쿠크로비츠 나흐바우어 아케텍츠Cukrowicz Nachbaur Architects가 설계했다.

쿤스트하우스 브레겐츠 길 건너면 호수 보덴제Bodensee가 나온다. 상당히 큰 호수인데 알프스 호수답게 청량하다. 길 건너에서 쿤스트하우스 브레겐츠에 한 번 더 눈길을 주고 있는데 눈에 띄는 건물이 있다. 꽃잎 두 개가 붙어 있는 것 같다. 사람들이 많이 모여있어 들여다보니 티켓 오피스다. 티켓 오피스의 여러 줄 세우는 방법을 유리문을 여닫는 방법으로 조절하는데 그 형태가 건물의 형태가 된다. 유리문을 닫았을 때는 곡선의 꽃잎 같은데 유리문을 열면 투명한 유리문이 겹치고 문마다 줄을 설 수 있게 된다. 디자인을 통해 자연스럽게 공간과 사람을 조정하는 방법이 좋다. 작은 도시 브레겐츠에는 도시 구석구석에 큰 문화를 숨기고 있다.

보덴제(Bodensee) 티켓 오피스

오스트리아에는 서쪽 스위스에 인접한 브레겐츠와 정반대의 위치인 동남쪽 헝가리 국경 근처에 또 다른 오페라의 성지가 있다. 노이지들러 호수Neusiedler See 근처 부르겐란트Brugenland의 장크트 마르가레텐Sankt Margarethen im Burgenland에 위치한 Romersteinbruch－Oper im Steinbruch St. Margarethen이다. 이곳은 원래 고대 로마 채석장이었는데 무더운 한여름 밤에는 꿈과 같은 오페라 공연장으로 탈바꿈한다. 소위 채석장 오페라라 불리는 이곳은 천혜의 자연 지형과 채석장의 공간을 이용하여 기존의 오페라 극장과는 다른 스펙터클하고 드라마틱한 공연장 분위기로 청중을 압도한다. 오스트리아에는 빈의 정통 오페라, 브레겐츠의 수상 오페라, 그리고 이곳의 채석장 오페라 등 원하는 곳을 골라 가는 즐거움이 기다린다. 오스트리아는 오페라에 있어서 다른 그 어느 곳과 비교해도 남부럽지 않다.

CHAPTER 03

작은 나라 속 작은 도시

유럽은 역사적으로 도시국가의 영역이었다. 그래서인지 각 도시의 특색이 강하다. 대도시뿐만 아니라 작은 도시와 마을도 각자의 문화와 자부심으로 가득하다. 그리고 정체성도 강하다. 물리적으로 이동이 힘든 측면도 있지만, 인터넷으로 전 세계가 하나로 엮여 있는 현재에도 크게 바뀐 것 같지 않다. 무언가를 결정할 때 남과 같게 하거나 아니면 남과 다르게 하는 극단적인 두 가지만 있는 것은 아니다. 중요한 건 적절함이다. 유럽의 소도시를 다녀보면 적절함이 무엇인지 알게 된다.

12 백색의 기다림이 있는 도시

리에주(Liège), 벨기에(Belgium)

벨기에 동부 왈롱 지역Région Wallonne에 위치한 리에주Liège는 와플Waffle로 유명하다. 한국에서도 와플 광고할 때 보면 리에주를 언급한다. 그럼 와플 먹으러 리에주 가나? 물어보면 웬만한 사람들은 고개를 끄덕이지 않을 것이다. 유럽에는 그보다 더 맛있고 유명한 먹거리가 많으니 굳이 와플 먹으러 멀리 작은 도시 리에주까지 가지 않을 것이다. 그럼 나는 왜 벨기에 동쪽에 있는 작은 도시 리에주를 가려는가? 기차를 타고 리에주에 가보면 이해가 된다. 이 도시는 기차역이 주인공이다. 기차역만 보고 기차역 근처에서 와플 하나만 사 먹고 돌아와도 오랫동안 기억에 남을 도시가 리에주이다.

리에주(Liège) 역 광장

리에주(Liège) 역

리에주(Liège) 역 플랫폼

리에주 기차역을 설계한 건축가는 스페인 발렌시아Valencia 출신의 산티아고 칼라트라바Santiago Calatrava이다. 그의 대표작인 발렌시아의 펠리페 왕자 과학박물관Museo de las Ciencias과 주변 건축물, 프랑스 리옹의 공항Aéroport de Lyon-Saint Exupéry, 스웨덴 말뫼의 터닝 토르소Turning Torso, 미국 위스콘신주 밀워키 미술관Milwaukee Art Museum 등은 자연 속 형태를 구조와 함께 풀어낸 백색의 건축으로 대담한 구조적 유닛을 반복한 디자인이 특징이다.

그중 리에주 기차역은 건축가의 정체성을 보여주는 특유의 디자인 어휘뿐만 아니라 기능상 거대한 역의 중앙 공간과 각 열차 플랫폼의 개별 공간이라는 상반된 요구 조건을 동시에 만족하는 디자인을 선보인다. 이런 상반된 조건의 공간을 잘 풀어내기는 쉽지 않다. 그런데 건축가는 현명하게도 중앙의 큰 공간과 플랫폼의 긴 공간을 서로 다르게 디자인해서 연결하지 않고 모든 공간에 사용할 수 있는 단위 유닛을 만들고 유닛을 연속해서 배치하고 조정해서 필요로 하는 공간의 뼈대를 만들고 유리로 덮었다. 마치 동물의 뼈로 구조를 만들고 그 위에 피부를 덮은 것처럼 자연에서 해결책을 찾았다.

그런데 더 놀라운 것은 이러한 공학적 건축이 만들어내는 공간의 우아함이다. 기존의 철과 유리로 만들어내는 근대건축은 산업재료와 산업화에 관련된 기능적 공간으로 나타난다. 에펠탑만 해도 수많은 철의 집합체로 규모와 재료면에서는 놀랍지만 에펠탑이 만들어내는 공간에는 우아함과 따뜻함은 보이지 않는다.

또한, 유리로 가볍고 투명한 공간을 만들어내는 현대건축은 주로 창백한 공간이 나타난다. 그런데 리에주 기차역 중심부의 기둥이 없는 거대한 무주 공간은 마치 하늘에 떠 있는 듯한 몽환의 공간처럼 만들어졌고 각 플랫폼으로 길게 뻗은 대기 공간은 우아하고 세련된 촉수와도 같다. 차갑고 이성적일 것처럼 생각되는 근대산업과 현대건축의 재료가 이곳에서 마치 흰색의 털실과도 같은 포근함을 만든다.

기차역은 헤어짐과 만남의 공간이다. 누구는 가까운 사람을 눈물로 떠나보내야 하고 누군가는 그토록 기다리던 사람을 반기는 곳이다. 기차역은 공항과는 또 다른 공간이다. 클로드 모네Claude Monet의 그림 생-라자르 역La Gare Saint-Lazare에서 보이는 수많은 이야깃거리를 그 어떤 공항도 표현하지 못한다. 출발과 도착이라는 기능적으로 명확하고 단절된 이분법적 공간으로 나눠야 하는 공항에 비하면 기차역은 공간의 경계가 명확하지 않다. 또한, 기차역은 낭만의 공간이다. 연인과 가족을 싣고 떠나는 기차를 따라 뛰는 아쉬움의 장면이 영화에서 얼마나 많이 나오던가. 이처럼 인간이 공유할 수 있는 감정은 공간에 묻어 나오기 마련이다.

건축가는 기차역이라는 소통의 공간을 이곳 리에주에서 섬세하게 풀어낸다. 기차역 중심부의 무덤덤할 정도로 거대하게 만들어진 백색의 공간은 아무런 감정의 강요 없이 그냥 그 자리에서 가고 오는 사람을 조용히 감싸고 지켜보고 있을 뿐이다. 하지만 그와 함께 리에주 기차역은 기차역 앞쪽 계단에 앉아서 기차를 기다리는 사람에게서는 기다림의 시간이 얼마나 소중한지 공간으로 느껴지게 한다. 현대건축은 리에주 기차역의 공간을 통해 나에게 삶 속 기쁨과 슬픔의 언저리에서 느껴지는 그 아스라함을 전해준다. 공간에 투영된 감정으로 인해서 한동안 리에주 기차역을 서성이며 먹먹해진 가슴을 달래본다.

리에주 기차역은 건축은 이래야 한다고 내게 조용히 귓속말로 알려준다. 놀라운 건축은 항상 그렇다. 나에게 조용히 다가와서 한번 정신이 번쩍 나게 하고 사라진다. 그리고 나면 그 여운이 오래간다. 리에주 와플의 맛도 꽤 오래간다. 그래서 유명한가 보다. 가장자리가 각진 네모난 브뤼셀 와플과 다르게 동그랗게 모따기 Chamfer 처리된 리에주 와플을 먹으면서 리에주의 맛에, 와플의 형태에, 그리고 리에주의 건축에 다시 한 번 감탄한다.

리에주(Liège) 기차역 앞 계단, 기다림의 공간

13 과거와 미래를 잇는 백색 건축의 도시

투르네(Tournai), 벨기에(Belgium)

벨기에 서쪽 프랑스 국경 근처에 있는 도시 투르네Tournai는 처음 듣는 생소한 도시이다. 워낙 작은 도시가 많아 소도시의 천국이라는 유럽이지만 그래도 도시마다 나름 유명한 것이 한두 개 정도는 있어 랜드마크로 기억하게 되는데 이 도시는 그렇지 않다. 그런데도 이 작은 도시를 꼭 방문해야 할 이유가 있다. 그것은 바로 포르투갈 태생 건축가 아이레스 마테우스Aires Mateus가 설계한 루뱅 가톨릭 대학교 투르네 캠퍼스UC Louvain Site de Tournai의 건축학교 때문이다. 정식 명칭은 UCLouvain Site de Tournai de la Faculté d'architecture, d'ingénierie architecturale, d'urbanisme이다. 건축학, 건축공학, 도시계획 학부가 모여 있다.

루뱅 가톨릭 대학교 투르네 캠퍼스는 작은 도시 구도심의 한 복판에 있다. 주변이 오래된 주택가라서 학교와 명확하게 구분될 듯한데 막상 가보면 그렇지 않다. 물론 시대의 차이에 따른 건축 양식, 건축재료, 공간구성 등은 다를 수밖에 없다. 그러나 작은 공간들이 연속되어 연결되어 구성된 유럽의 주택은 각각의 주택은 작아도 전체는 커다란 블록을 형성하기에 학교와 같은 공공건축물의 규모와 큰 차이가 없다. 그래서인지 구도심의 건축학교는 초행자에게 쉽게 길을 내주지 않는다. 초행길 한참을 헤매다 어느 순간 눈앞에 나타나는 학교 입구는 그래서인지 더욱 극적으로 보인

루뱅 가톨릭 대학교 투르네 캠퍼스(UC Louvain Site de Tournai) 주출입구

다. 사람도 많지 않은 한적한 구도심에 강렬한 햇빛을 받아 눈이 부실 듯이 흰색의 광채를 발산하면서 무심하게 자신을 드러내고 있다. 단순하면서도 강렬한 조각과도 같은 매스 앞에서 걷던 발걸음이 저절로 멈춰진다.

건축학과는 기존의 오래된 적벽돌 건물과 새롭게 아이레스 마테우스가 설계한 백색의 건축이 서로 잘 어울려 하나가 되어 있다. 건축학과 주출입구는 단순한 백색의 매스 하부에 박공의 매스를 빼낸 빈 공간이다. 아이레스 마테우스의 건축 설계를 상징하는 그 유명한 빼내기Subtraction 기법이다.

주출입구를 지나면 바로 커다란 외부 중정이 나타난다. 오래된 벽돌 건축과 새로운 백색의 건축이 만나 하나의 완성된 중정을

루뱅 가톨릭 대학교 투르네 캠퍼스(UC Louvain Site de Tournai) 외부 중정

만들어낸다. 중정에서 보면 다양한 건축의 파사드와 공간과 베란다를 볼 수 있다. 중정을 가득 채운 흐드러진 풀과 야생 양귀비꽃은 단정한 백색건축과는 또 다른 분위기를 풍긴다. 하나의 중정을 형성하는 건축 매스는 단순한 미니멀리즘 건축으로 크게 눈에 띄지 않는다. 새로운 건축은 중정의 빈 공간을 완성하기 위해 자신의 존재를 내세우지 않는다. 그렇다고 자신의 존재를 완전히 없애지 않고 슬쩍 드러낸다. 이곳에서 백색은 크게 한몫한다.

중정을 지나 오래된 건물을 통과하면 후원과도 같은 또 다른 중정이 나타나고 그곳을 지나면 후문이 나온다. 후문으로 나가면 또 다른 반대쪽 골목이 나오는데 이곳은 정문 쪽 매스보다 외부에 더 많이 드러나지만, 기능적으로는 후문의 역할을 하는 기능적인 출입구로 설계되었다. 3차원 매스라는 상징성 대신 입면에 디자인된 커다란 유리창을 통해 반사되는 후문 쪽 골목의 풍경은 정문과는 완전히 다른 표정이다.

외부의 형태와 공간을 보고 다시 중정을 돌아 학교 내부로 들어가면 제일 먼저 나오는 로비는 외부의 백색과는 다른 회색의 콘크리트로 만들어진 빈 보이드Void 공간이다. 그리고 거대한 로비의 한쪽에는 집 속의 집, 매스 속의 매스와 같은 흰색의 박공 형태 매스 하나가 벽에 끼워져 있다. 넓고 높은 로비는 다양한 활동이 일어나도록 텅 비어 있다. 로비 옆으로는 수직 동선인 두 개의 꼬인 계단이 있다. 건축 형태는 단순한 매스의 디자인이지만 내부 계단은 상당히 복잡하게 디자인되어 마치 DNA의 이중 나선, 더블 헬릭스처럼 보인다. 처음에는 선택 동선과 공간과의 차이 때문에 불편함을 느낄 듯한데 그보다는 다양한 계단과 공간 사이로 펼쳐지는 빛의 현상학적 분위기에 압도당한다. 이러한 공간은 건물 내부의 복도에서 한 번 더 나타난다. 마치 종교 공간이나 사색의 공간과도 같은 빛과 미니멀리즘의 공간에서 느껴지는 분위기가 학교의 공간에서도 나타난다.

건축 설계를 통해서 새로운 교육공간을 보여주는 아이레스 마테우스는 백색의 매스를 이용하여 기존의 오래된 공간을 엮어서 하나로 만들었다. 그리고 일부 공간을 빼내고 필요한 부분에 보이드를 이용하여 기능적 활용을 가능하게 한다. 그 위에 미니멀리즘 특유의 디테일과 빛을 이용한 현상학적 효과를 넣어 공간의 분위기를 창조해냈다. 놀라운 공간을 일상으로 사용하는 학교가 부럽다. 어찌 보면 최신 현대건축 하나만 있는 이곳을 가기 위해 들인 시간과 비용이 아깝다고 생각할 수도 있다. 그러나 그만큼의 정성

루뱅 가톨릭 대학교 투르네 캠퍼스(UC Louvain Site de Tournai) 계단

루뱅 가톨릭 대학교 투르네 캠퍼스(UC Louvain Site de Tournai) 내부 공간

을 쏟아 가본다면 결과는 대만족일 것이다. 건축은 원본만이 있다. 원본은 경험을 통해 아우라Aura를 느낀다. 그리고 그 느낌은 평생 간직하게 된다. 건축이 다른 분야와 차이가 나는 중요하면서도 직접 가봐야 하는 이유이다.

아이레스 마테우스의 현대건축을 돌아보고 나서 혹시 투르네의 현대건축만으로는 뭔가 허전하고 아쉽다면 그리고 직접 운전을 할 수 있다면 서쪽으로 릴Lille을 거쳐 세인트 식스투스 수도원Abdij Sint-Sixtus을 찾아가자. 투르네에서 1시간만 가면 세상에서 가장 맛있는 세계 최고의 맥주 트라피스트 수도회 베스트블레테렌Trappist Westvleteren을 영접할 수 있다. 이곳 말고 다른 곳에서는 판매하지도 않아 그 어디에서도 맛볼 수 없는 희소성 때문에 더욱 인기가 높은데 이곳에 와야만 살 수 있고 마실 수 있는 미각의 경험은 고된 여행을 잊게 하는 커다란 보상이 될 것이다. 이제는 벨기에에 한해서 인터넷 주문과 홈 딜리버리도 된다니 조금은 대중화되는 중이다. 개인적으로 가기 힘들고 잘 몰라서 가보지 못하고 한국 왔는데 나중에 애제자가 대중교통으로 발품 팔아 갔다 왔다는 무용담을 말하면서 슬쩍 맥주 한 병 건네는데 그렇게 예쁠 수가 없었다.

14 과거가 미래로 변신하는 도시

마스트리흐트(Maastricht), 네덜란드(The Netherlands)

네덜란드는 더 이상 풍차와 수로의 나라가 아니다. 네덜란드는 1980년대부터 현대건축의 실험 장소였다. 렘 콜하스Rem Koolhaas로 대표되는 구조주의와 위상학의 현대건축은 네덜란드를 중심으로 꽃을 피운다. 암스테르담의 신도시나 로테르담의 전후 복구 작업 덕분에 네덜란드는 놀라운 현대건축으로 가득 차 있다. 그렇다고 네덜란드의 모든 도시가 전형적인 위상학적 현대건축만 가지고 있는 것은 아니다.

지리적으로 네덜란드의 가장 남쪽에 위치한 도시 마스트리흐트Maastricht는 다른 네덜란드 도시와 유사하지만 나름 독자적인 독특한 건축문화가 자리 잡고 있다. 도시의 위치가 네덜란드보다는 벨기에와 독일에 더 가까운 탓인지 이 도시의 건축도 네덜란드 건축가의 설계보다 유럽의 다른 지역 건축가들의 작품이 많다. 그래서인지 네덜란드이지만 네덜란드 같지 않은 이국적인 도시 분위기마저 느껴진다.

서점 도미니카넨Book Store Dominicanen은 마스트리흐트 구도심을 대표하는 중요한 장소다. 도시의 중심인 프레이트호프Vrijthof 광장 근처에 있다. 이곳은 1294년 고딕 양식의 도미니칸 교회로 만들어져서 18세기까지 수도원으로 이용되었다. 이후 다양한 공공시

도미니카넨(Book Store Dominicanen)

설과 근린 생활 시설로 이용되었다가 2006년 현재와 같은 서점으로 변신하여 전 세계에서 가장 아름다운 서점으로 유명해졌다. 네덜란드 건축가 메르크스 지로드 아키텍츠Merkx+Girod Architects가 심혈을 기울인 리모델링 설계를 통해 성당에서 서점으로 탈바꿈하게 되었다. 높은 실내공간 가운데 위치하는 책장에서 책을 고르고 카페에서 지인들과 보내는 시간을 제공하는 이곳은 서점이 책을 파는 기능만을 수행하는 공간이 아니라 문화를 접하는 장소로 탈바꿈하게 되는 기회가 된다.

주변이 도심 한복판이라 조금 복잡한 탓에 오히려 서점에 들어가면 바깥의 혼잡함을 떨쳐내고 교회 서점이라는 사실로 인한 특별한 안정감과 조용함을 얻을 수 있다. 책으로 둘러싸인 교회 안에서 책을 고르거나 지인들과 커피를 마시며 여유를 부리는 호사는 매우 특별한 경험이다. 역사적 장소인 교회의 본질적 기능과는 전혀 다른 현대적 서점과 카페와의 이접적 전용 사례는 오히려 교회를 나이트클럽, 슈퍼마켓, 기숙사로 전환하는 사례보다는 덜 충격적이다. 현대사회와 현대건축의 특징인 전용이라는 은유법을 통해 서로 다름을 적나라하게 보여주고 그 결과 발생하는 예측하지 못한 효과를 노렸다면 다른 곳에 비해 도미니카넨은 조금 아쉬울 수도 있다. 하지만 이곳에서는 전용, 이접, 은유, 충돌을 통해 극단적 낯섦과 같은 상황이 나타나지 않아도 기존의 의미 변형과 함께 새로운 의미와 관계가 형성되는 것을 충분히 알 수 있다. 개인적으로 네덜란드에서 교회를 전용한 기숙사에서 몇 개월 살아본 경험이 아직도 생생하고 잊히지 않는 것으로 보아 네덜란드 현대건축의 은유적 시도는 적어도 나에게는 효과가 있어 보인다.

혼잡한 마스트리흐트 구도심에서 약간 떨어진 뫼즈Maas강 변에는 다양한 현대건축이 모여 있다. 이곳은 예전에는 공업지구였고 최근에는 재개발된 세라믹 지역이다. 구도심에서 오래된 건축물에 현대사회의 프로그램이라는 전용을 통해 새로운 효과를 만들었다면 이곳은 네덜란드와 다른 주변 지역의 건축가들이 보여주는 새로운 건축양식의 충돌을 이용해 방문객에게 충격을 안겨준다.

보네판텐 뮤지엄Bonnefanten museum은 마스트리흐트의 대표 현대건축물이다. 박물관 이름은 불어 'Bons EnfantsGood Children'에서 따왔다. 새 박물관은 1995년 이탈리아 건축가 알도 로시Aldo Rossi가 설계했다.

건축 형태만 보면 매우 어색하고 부조화로 인한 낯섦이 있지

보네판텐 뮤지엄(Bonnefanten museum), 알도 로시(Aldo Rossi)

만 이탈리아 신합리주의와 포스트모더니즘의 조형 특성이 고스란히 담겨있는 건축물을 마음껏 즐길 수 있는 곳이다. 로켓 형태의 큐폴라Cupola가 특징적인 형태인데 전면부에서는 보이지 않고 강가 쪽인 박물관 후면에 있다. 큐폴라 옆 외부공간에 전시된 조각들 사이를 헤매다 보면 자연스럽게 박물관 안으로 가기도 하고 박물관 옆 강가까지도 가게 된다. 박물관 내부 특히 큐폴라 내부는 외부와 완전히 다른 분위기의 전시공간이 펼쳐진다.

뮤지엄과 연결된 찰스 에이 파크Charles Eyck Park를 지나면 나타나는 호흐 브뤽Hoge Brug은 르네 그라이쉬René Greisch가 디자인한 아치형 다리이다. 보행자와 자전거가 다니는 다리로 구도심과 신도시를 연결하는 다리이다. 우아한 강철의 아치형 다리로 가벼우면서 세련된 형태를 자랑하고 있다. 다리와 연결된 삼각형 광장과 세라믹 센터Centre Céramique, 그리고 강 건너 시립공원Stadspark

호흐 브뤽(Hoge Brug), 르네 그라이쉬(René Greisch)

에는 공간과 삶의 풍요로움이 기다린다. 오래된 도시의 다양한 건축양식 사이에 놓인 철골과 와이어를 이용한 아치는 순수하고 간결한 역학적 미학이 돋보이는 수작이다.

광장 건너편 바이엘 의료 케어Bayer Medical Care B.V.는 스위스 건축가 마리오 보타Mario Botta가 설계한 건축 작품이다. 한국 강남 한복판의 교보빌딩으로 우리에게 익숙한 건축가인데, 이곳도 건축가의 상징처럼 된 적벽돌로 단순한 기하학의 원통과 육면체 매스를 만들고 연결하고 빼내서 적절한 공간구성을 완성한다. 세계적인 건축가이며 여러 곳에 유사한 건축 어휘를 이용한 건축 작품이 있어 언뜻 봐도 건축가 마리오 보타가 설계했다는 것이 드러난다. 일상 가까이에서 이런 건축물을 대한다는 경험은 색다르다. 그 가치를 알고 주변을 살펴보면서 사는 것이 중요하다. 담과 같은 경계 없이 주변의 거리와 연결되어 있어 누구나 자연스럽게 빼어난 건축물을 가까이에서 느낄 수 있다.

바이엘 의료 케어(Bayer Medical Care B.V.), 마리오 보타(Mario Botta)

유럽은 역사적으로 근대 이전에는 도시국가의 영역이었다. 그래서인지 각 도시의 특색이 강하다. 대도시뿐만 아니라 작은 도시와 마을도 각자의 문화와 자부심으로 가득하다. 그리고 정체성도 강하다. 물리적으로 이동이 힘든 측면도 있지만, 인터넷으로 전 세계가 하나로 엮여 있는 현재에도 크게 바뀐 것 같지 않다. 무언가를 결정할 때 남과 같게 하거나 아니면 남과 다르게 하는 극단적인 두 가지만 있는 것은 아니다. 중요한 건 적절함이다. 유럽의 소도시를 다녀보면 적절함이 무엇인지 알게 된다. 도시의 크기가 중요하지 않은 것은 아니다. 그렇지만 도시는 절대적이며 물리적인 크기보다는 보이지 않는 잠재적인 크기가 더 중요하다.

PART 02

대도시와 작은 도시

CHAPTER 04

대도시 옆 작은 도시

많은 사람으로 붐비는 곳을 약간만 벗어나면 본격적으로 포도밭이 펼쳐진다. 낮은 언덕 굽이굽이 펼쳐지는 포도밭은 도시 풍경과 비교하면 매우 색다르다. 논과 밭과 과수원도 자연 속에서 사람이 일군 대표적인 공간이지만 포도밭은 조금 다르게 느껴진다. 정렬된 포도나무가 만들어내는 다양한 직선들의 조합이 마치 서로 다른 각도로 반복된 포도나무 선(Line)들이 포도밭이라는 2차원의 면(Surface)을 만들고 포도밭은 다시 땅을 타고 언덕을 오르내리며 3차원의 공간(Space)을 만들어낸다.

15 프랑크푸르트(Frankfurt am Main) 근교의 작은 도시 삼총사

중세 동화의 도시 크론베르크(Kronberg), 최신 신도시 리트베르크(Riedberg), 켈트족의 유산 글라우베르크(Glauberg)

독일의 도시 이름에는 -berg, -burg, -heim 붙는 곳이 많다. 모두 지명을 만드는 도시 주변의 환경을 뜻하는데 -berg은 산, -burg는 성, -heim은 집을 의미한다. 프랑크푸르트Frankfurt am Main는 독일 중서부 최대 도시이며 주변 지역에는 오래된 마을과 신도시가 있다. 그중 눈에 띄는 -berg 삼총사 크론베르크Kronberg, 리트베르크Riedberg, 글라우베르크Glauberg를 가본다. 독일 기차 여행의 출발점은 프랑크푸르트 중앙역이다. 중앙역에 걸려 있는 한국 국적기 항공의 로고 덕에 프랑크푸르트가 왠지 조금 더 친밀하게 느껴진다.

첫 번째 소도시는 크론베르크Kronberg다. 프랑크푸르트 역이나 시내에서 S4 전철을 타면 30분도 안 걸리는 가까운 곳이다. 그러나 이곳은 오래된 역사를 간직한 작은 전원도시이다. 역에서 내려 조금 걸으면 대규모의 공원이 나타난다. 바로 빅토리아 공원Viktoria Park이다. 많은 나무가 울창하게 우거져 있어 공원이라기보다는 자연의 숲과 같다. 공원 건너편에는 중세시대 고성을 복원한 크론베르크 성Burg Kronberg이 있다. 성은 꽤 높은 곳에 있어서 매우 좋은 전망을 자랑한다. 성으로 가는 길에는 목구조가 건물의 입면에 그

크론베르크 성(Burg Kronberg)

대로 노출되는 팀버 프레임Timber Frame: Fachwerkhaus 방식의 오래된 독일 전통 건축의 작은 집들이 반긴다. 그중 금색 브레첼 모양의 간판이 빵집임을 알린다. 한국으로 본다면 전통 가구식 구조인 한옥이라고 할 수 있다. 독일인이 한국에 와서 한옥을 보면 어떤 생각이 들까 궁금하다.

빅토리아 공원 끝자락까지 가면 거대한 저택과도 같은 고성 호텔이 나타난다. 크론베르크 성과 함께 이곳의 대표 장소인 슐로스호텔 크론베르크-호텔 프랑크푸르트Schlosshotel Kronberg-Hotel Frankfurt이다. 독일 중세 시대 분위기가 몹시 궁금해서 하루라도 자고 싶은 사람은 꽤 높은 비용을 내야 한다. 그렇지만 그 값어치는 충분해 보인다. 오래된 성에 머무른다는 것 자체가 하나의 경험이 될만하다. 산속에 있어 조금 답답한 느낌이지만 고급 호텔처

슐로스호텔 크론베르크-호텔 프랑크푸르트
(Schlosshotel Kronberg-Hotel Frankfurt)

럼 잘 보수된 오래된 고성의 방, 좋은 산책길, 골프장 등 다양한 여가활동을 할 수 있다.

크론베르크 역 바로 앞에는 새로운 현대건축 양식의 콘서트 홀인 카잘스 포룸Casals Forum이 있다. 크지 않은 규모이지만 건축 디자인이 예사롭지 않다. 주변에는 또 다른 새로운 현대건축들이 들어서고 있다. 부담 없이 편하게 둘러 볼 수 있는 중세와 현대가 적절히 어우러진 운치 있는 마을이 크론베르크Kronberg다.

두 번째 소도시는 프랑크푸르트에서 북쪽으로 40여 분 떨어져 있는 최근 계획된 신도시 리트베르크Riedberg이다. 가보면 현대건축이 많아 프랑크푸르트 외곽에서 가장 최근에 생긴 도시임을 알 수 있다. 네덜란드나 덴마크의 외곽 신도시와 매우 유사하다.

신도시 리트베르크(Riedberg)

U8, U9 전철역 주변으로 저층의 공동주택들이 각자의 영역을 나눠서 현대적 감각의 건축 디자인을 자랑하면서 모여 있다. 다니엘 리베스킨트Daniel Libeskind의 공동주택도 한참 공사 중이다. 프랑크푸르트 도심의 수백 년 된 주택과는 완전히 다른 새로운 현대식의 신도시를 보고 싶다면 이곳에 반나절을 할애하면 좋다.

리트베르크 도심에는 크고 작은 광장이 여러 개 있다. 최근 계획된 도시임에도 광장을 중심으로 하는 오래된 유럽의 도시계획에는 큰 차이가 없어 보인다. 대신 광장에는 콘크리트로 만든 적절한 경계와 안전과 여유를 즐길 수 있도록 배려한 공공시설물이 있다. 뛰어노는 아이들, 스케이트보드 타는 청소년들, 담소를 나누는 부모들이 한곳에 자연스럽게 모여 있다.

도심 광장 건너편에는 유니 캠퍼스 리트베르크Uni Campus Riedberg가 있다. 현대건축의 대학에서는 저 멀리 프랑크푸르트 구

리트베르크 유니 캠퍼스 유치원

도심이 눈에 들어온다. 깨끗하게 정리된 캠퍼스 공간 곳곳에 젊음이 넘쳐난다.

캠퍼스 옆 공동주택과 유치원의 건축도 예사롭지 않다. 유치원의 넓은 나무 루버를 덧댄 현대식 공간 너머로 미끄럼틀과 모래놀이터가 살짝 보인다. 유치원은 보통 원색을 이용하여 밝고 화사한 분위기를 조성하는데 이곳은 완전히 반대다. 자연의 재료를 있는 그대로 사용하여 아이들이 꾸며지지 않은 날것의 자연을 접한다. 수백 년 된 프랑크푸르트 시내의 건축 공간과 차이가 큰 이곳에서 자란 독일인은 나중에 어떨까 궁금해진다.

세 번째 소도시는 켈트족의 유산인 글라우베르크Glauberg다. 이곳은 도시보다는 켈텐벨트Keltenwelt am Glauberg로 알려져 있다. 프랑크푸르트에서 자동차로 45분 정도지만, 대중교통인 기차로는

글라우베르크(Glauberg) 풍경

1시간 반 정도 걸리니 반나절 여행으로 가기에는 약간 부담이 된다. 그러나 가보면 아름다운 마을 풍경과 문화유산과 현대건축의 박물관에 감탄할 것이다. 파노라마로 펼쳐져 있는 푸르른 낮은 언덕에 코르텐 강의 미니멀리즘 박물관의 이미지를 보는 순간 켈트족 유산이라는 환상과 자연 풍경으로 인해 마음은 벌써 글라우베르크에 가고 있을 것이다. 다만 직접 가본 현장은 보통 보여주는 광고용 이미지와는 다르니 고려하길 바란다.

박물관이 있는 글라우베르크 자연이 아름답다. 박물관까지 가는 길은 마치 스위스의 자연을 경험하는 듯 고저 차가 있는 구불거리는 폭 좁은 길을 따라 자연과 마을이 계속 나타난다. 하늘의 구름은 낮은 언덕에 그림자를 드리우며 머무르고 있다. 매번 차를 세우고 사진을 찍고 싶은 충동이 생긴다. 가끔 나타나는 지역주민은 말을 타기도 하고 경운기를 끌고 흙먼지를 날리기도 한다. 전형적인 유럽의 시골 풍경이다. 프랑크푸르트 주변의 몇 안 되는

켈텐벨트(Keltenwelt am Glauberg)

낭만이며 어릴 적 봐왔던 멋진 유럽 사진 속 풍경 그대로다.

글라우베르크Glauberg 언덕에 있는 켈텐벨트Keltenwelt 박물관은 2011년 독일 건축가 클라우스 코다Klaus Kada와 게르하르트 비트펠트Gerhard Wittfeld로 구성된 코다 비트펠트 아키텍텐Kada Wittfeld Architekten이 설계했다. 사이트의 고저 차를 이용하여 지상에서부터 코르텐 강 박스가 떠 있는 듯한 강한 매스감이 압권이다. 건축에서 장소성을 표현하는 방법인 미니멀리즘을 적절히 이용하였는데 독일에서는 이런 건축이 많지 않아 조금 낯설다. 주변 자연환경과 박물관만 보면 마치 스위스의 미니멀리즘 현대건축과 같다. 박물관 외부와 함께 내부의 전시공간으로 진입하는 입구도 단순한 넓은 계단과 어두운 공간에 일부 조명을 적절하게 이용하여 현상학적 분위기를 만들어낸다. 그러나 분위기 형성에 초점을 두어서인지 튜브 형태의 박물관 내부를 다 막아 내부 공간 전시에 집중해서 내부에서의 외부 전망 등이 아쉽다. 아쉬운 전망은 박물

켈트족 무덤과 표식

관 옥상으로 올라가서 외부의 풍경을 파노라마로 볼 수 있다. 또한, 부유하는 듯한 매스의 하부공간과 캔틸레버의 공간은 아쉽게도 그리고 매우 실용적으로 카페와 레스토랑에 양보하고 방문객은 식사하면서 역사의 한복판에 나앉는다. 환상과 현실의 만남은 충돌이 생기게 마련이고 그런 상황은 아무리 노력해도 사진에 아쉬움으로 고스란히 남는다.

박물관 앞쪽에 넓게 펼쳐진 켈트족의 세계 길은 환상적이다. 둥그렇게 만든 신성한 무덤과 몇 개의 표식과 동상들은 동양인에게는 익숙하지 않은 형태와 의미로 다가오지만, 오랜 옛날 이곳에 머물렀던 켈트족의 문명과 문화라는 말로 형용하지 않아도 몸으로 느껴지는 감동이 있다. 특히 무덤 위까지 걸어가면서 펼쳐지는 자연의 풍경은 지금은 비록 풀이 말라버려 폐허의 느낌이 더 강하지만 비가 내려 녹색으로 바뀌는 날에는 또 다른 감동으로 다가올 것이 확실하다. 박물관 뒷쪽 고고학 유적이 펼쳐져 있는 언덕길을 한 시간 정도 걸으면서 유적과 함께 자연 속에 있는 시간도 소중하다.

사람들은 유럽 여행을 하면서 프랑크푸르트에 오래 머무는 경우는 많지 않다. 그만큼 유럽에는 볼거리가 많은 도시로 가득하고 프랑크푸르트는 상대적으로 방문객의 관심을 끌 만한 것이 많지 않다. 그런데 프랑크푸르트에서 시간적 여유가 있다면 그리고 기꺼이 시간을 내서 주변의 가까운 작은 도시로 반나절 여행을 가면 생각하지 못했던 그리고 이전에는 몰랐던 새롭고 다양한 즐거움을 얻을 것이다.

16 구텐베르크(Gutenberg)와 샤갈(Chagall)의 도시

마인츠(Mainz), 독일(Germany)

대도시 옆에 있는 작은 위성 도시는 대부분 중심 도시에 맞추어진다. 큰 도시의 인프라를 공유하면서 필요한 기능을 주연에게 내주고 베드타운 같은 조연의 역할이 되기 쉽다. 그런데 마인츠Mainz는 그렇지 않다. 프랑크푸르트에 가깝지만 나름대로 역사와 전통을 통한 장소성과 정체성을 확보한다. 1200년경 신성로마제국의 시기에는 프랑크푸르트보다 마인츠가 더 큰 도시였고 시간이 지난 현재에도 오랜 전통의 상당한 부분이 남아 있는 작지만 큰 도시이다. 도시의 흥망성쇠 주기로 본다면 마인츠는 쇠퇴기의 도시라 할 수 있지만 직접 가보면 전혀 그렇게 느껴지지 않는다. 유구한 전통과 함께 최신의 문화와 건축으로 가득하다. 마인츠의 중앙역은 프랑크푸르트 역에서 S8 지하철이나 RE/RB 지역 기차로 40분 정도면 도착할 정도로 가깝다.

마인츠 하면 제일 먼저 떠오르는 것은 구텐베르크 박물관Gutenberg Museum이다. 이곳은 한국 청주의 직지 금속활자와 함께 인쇄와 관련해서 세계에서 가장 유명한 장소일 것이다. 박물관은 마인츠의 중심 광장인 마크트플라츠Marktplatz와 리브프라우엔플라츠Liebfrauenplatz에서 마인츠 대성당Mainzer Dom과 마주 보고 있다. 신성로마제국의 대관식을 거행했던 마인츠 대성당은 로마네스크, 고딕, 바로크 혼합 양식으로 쾰른 성당, 트리어 성당과 함께 독일

마인츠(Mainz) 도심, 전통건축과 현대건축의 조합

3대 성당 중 하나이다. 박물관은 구텐베르크 박물관Gutenberg Museum과 독일 책제본 박물관Deutsches Buchbinder Museum이 하나로 합쳐져 있다. 오래된 박물관 구관 전면부의 파사드를 보면 대성당과 비슷하게 오래된 전통 건축물로만 보이는데 옆쪽으로 위치한 1962년 지어진 책제본 박물관은 기존 박물관을 확장하면서 하나로 연결하고 있다. 대성당은 보통의 유럽 도시가 그렇지만 도시나 광장의 크기에 비해 상당한 규모인데 박물관에서는 크고 긴 옆면보다는 성당 정면을 마주 보고 있으며 박물관 구관의 정면이 웅장해서 대성당 스케일과의 차이가 조금 완화되어 있다. 그 결과 광장에서 보는 대성당과 구텐베르크 박물관은 서로를 이해하면서 조화롭게 배치된 듯 보인다.

박물관 정면의 구관을 지나서 안쪽으로 들어가면 외부 중정

구텐베르크 박물관(Gutenberg Museum)

이 나오고 독일 제본 박물관을 볼 수 있다. 책제본 박물관과 옆쪽의 프린트 샵은 기존의 구텐베르크 박물관과는 다르게 유리, 수평 루버, 그리고 가벼운 메탈 메시Metal Mesh의 문들과 벽체로 상당히 개방되어 있다. 이곳은 구텐베르크 박물관을 거쳐서 가도 되고 광장의 다른 쪽에서 바로 갈 수도 있다. 한눈에 보일 정도로 주변과 차별화된 건축이 아니라 기존의 장소와 공간을 현대건축으로 잘 보완하면서 원래부터 그 자리에 있었을 듯한 건축이다. 박물관으로 들어가면 유명한 15세기 금속활자로 인쇄한 구텐베르크 성서와 한국의 직지를 대면할 수 있다. 또 다른 새로운 박물관이 구관 옆에 예정되어 있는데 독일 건축가 DFZ Architekten이 설계한다.

마인츠 구도심에서 약간 떨어진 언덕 위에는 성 스테판 성당St. Stephan's Church이 있다. 작은 도시에도 여러 개의 성당이 많고

독일 책제본 박물관(Deutsches Buchbinder Museum)

도심에 있는 대성당도 아니니 특별한 성당이 아닌 듯 그냥 지나칠 수도 있고 초행이면 헤맬 수도 있다. 성당 주변도 눈에 띄거나 유명한 곳 없이 그저 평범한 도시 풍경인데 이 성당 안에는 바다와도 같이 놀라운 파란 공간이 숨어 있다. 바로 화가 마르크 샤갈Marc Chagall이 그린 푸른 스테인드글라스 때문이다. 파랑이 빛을 받아 성당 내부를 입체적으로 물들이는데 군데군데 다른 색들이 섞이면서 3차원 공간의 엄청난 깊이감을 만들어낸다. 성당으로 들어가면서 외마디 감탄사가 나오다 멈출 정도로 숨 막히게 아름답다.

성당의 역사를 보니 1930년경 프랑스 성 도미니크 수도회 소속 마리 알랭 쿠튀르에 신부Marie Alain Couturie의 성 미술 운동L'Art Sacre의 결과로 나타난 프랑스의 아시 성당Notre-Dame de Toute Grâce du Plateau d'Assy과 로사리오 성당Chapelle Du Rosaire의 건축과 유사하

성 스테판 성당(St. Stephan's Church) 블루 스테인드글라스

다. 1978년 마르크 샤갈에 의해 작업된 성당의 스테인드글라스는 햇빛이 비칠수록 더욱 푸르게 성당 내부를 밝힌다. 마치 바닷속 같기도 하고 밤하늘 같기도 한 성당의 내부 공간은 그 자체로 아름다운 예술로 승화한다. 유명하다는 세계적인 대성당의 스테인드글라스는 대부분 화려한 색과 크기의 장미 창Rose Window으로 대표된다. 그러나 이곳은 그와는 다르게 장미 창 자체가 강렬한 아름다움을 보여주는 것이 아니라 성당 내부 전체를 푸른색으로 물들여 공간의 분위기를 만들어낸다. 공간의 분위기를 더욱 극대화한 것은 푸른색의 빛과 함께 공간을 떠도는 파이프 오르간 음악이다. 운 좋게도 성당을 방문하는 동안 파이프 오르간 연주를 직접 감상할 기회가 생겼다. 미사에 사용할 음악을 연습하는 듯한데 파란 성당의 공간 오른쪽 오르간 연주자에만 켜 놓은 작은 노란 불빛이 오르간 음악과 함께 더욱더 심해와 같은 공간의 분위기를 고조시

성 스테판 성당(St. Stephan's Church) 오르간 연주

킨다. 내 마음속 고래가 성당 내부를 유유히 떠다니는 듯한 착각 마저 든다.

분위기에 압도되어 앉아 있는데 예배당 옆쪽 살짝 열린 문을 통해 외부 회랑과 중정에서부터 빛이 들어온다. 침잠하는 푸른 공간의 한쪽이 햇빛으로 살아난다. 옆문을 통해 회랑과 외부 중정으로 가니 하늘에서 쏟아지는 강렬한 햇빛 아래 작지만 잘 가꾼 장미 정원이 나타난다. 내부와 극적으로 대비되는 외부공간은 몇 겹의 현실로 둘러싸여 보호되고 있다. 이런 것을 미학적 경험이라고 해야 할 것이다. 큰 기대 없이 왔다가 인생 최고의 경험을 하는 호사를 누린다.

성당을 나와서 비탈길 따라 조금 걸어 내려가면 바로 도심의

파스트나흐츠브루넨(Fastnachtsbrunnen)

일상에 묻힌다. 마인츠 시내에서 프랑크푸르트로 돌아가기 위해 마인츠 역으로 가던 중 발견한 광장인 쉴러플라츠Schillerplatz와 파스트나흐츠브루넨Fastnachtsbrunnen은 시민들이 도시를 얼마나 잘 가꾸는지는 알 수 있다. 그리고 분수와 정원 주변에 앉아서 담소하는 사람들의 행복한 모습은 이 도시가 얼마나 좋은 도시인지 말해준다. 버스를 기다리는 짧은 시간에 보는 도시 풍경은 마음 바쁜 이방인의 발을 잡고 놓지 않는다. 그 덕에 버스 하나 보내고 만든 시간만큼 이 도시의 풍경을 마음속에 다시 한 번 새기게 된다.

쉴러플라츠 광장에서 마인츠 역 쪽으로 조금 더 가면 눈에 띄는 또 다른 공공시설물이 나온다. 뮌스터플라츠Münsterplatz의 버스 정류장은 이 오래된 도시에 작지만 명확한 현대건축으로 신선한 시설과 공간을 제공한다. 마인츠를 떠나는 마지막 순간까지 이 도시는 방문객을 놀라게 하는 마법을 부린다. 사람의 움직임에 따라

뮌스터플라츠(Münsterplatz)의 버스정류장

색유리 박스가 붉은색에서 푸른색으로 계속 변화하면서 천장에 반사되어 도시의 풍경을 재생산한다. 단순한 금속 지붕과 색유리 박스는 잠깐 머물다 떠나는 버스정류장이라는 기능으로도 적절하게 활용된다. 정류장 옆 오래된 건축과 대비되는 단순한 현대건축은 서로 이질적이지만 묘하게 조화되며 사이좋게 서 있다. 스테판 성당의 스테인드글라스가 화가의 손으로 직접 그린 아날로그적 성당 내부 공간 창조의 방법이었다면 이 조그만 버스정류장의 색유리 박스는 현대 기술을 이용한 디지털적인 외부공간을 창조하고 있다. 프랑크푸르트로 가는 기차 안에서 공간의 분위기를 창조하는 두 가지 방법의 대비와 결과의 유사성에 놀라 한동안 넋이 나간 채 있었다. 그로 인해 마인츠는 내 마음속에 오래 간직될 것이다.

17 라인강 따라 포도밭 사이를 걷는다.
포도밭 언덕의 고성 도시

뤼데샤임(Rüdesheim am Rhein), 독일(Germany)

뤼데샤임Rüdesheim am Rhein은 독일 라인 강가의 포도밭 와이너리Winery와 고성으로 구성된 아름다운 풍경의 대표 도시이다. 프랑크푸르트에서 코블렌츠로 가는 기차는 마인츠를 벗어나면 바로 라인강 강가를 따라 달린다. 독일은 유럽 대륙에서도 내륙에 위치하기 때문에 북쪽이 아니면 바다를 보기 힘들다. 그렇다고 알프스와 같은 웅장한 산이 있는 것도 아니다. 낮은 언덕이 연속해 있는 풍경이 보통이다. 그런 풍경 속에서 라인강은 주변과는 상당히 색다른 풍광을 선사한다. 마인츠를 지나면서 본격적인 강의 풍경이 나타나고 강의 좌우 언덕에는 포도밭이 가득하다. 낮은 언덕과 가파른 경사지를 이용하여 재배하는 포도나무가 일렬로 도열되어 있는 것을 처음 보니 신기할 따름이다. 오랫동안 넋 놓고 바라보고 있으면 가끔 작은 마을이 나타나고 마을에는 대부분 오래된 고성이 마을보다 위쪽 언덕 위에서 마을을 내려다보고 있다. 이곳의 풍경은 도시 풍경이라기보다는 자연 속 오래된 시골 마을 풍경이다. 풍경에 강이나 호수 같은 수공간이 얼마나 중요한지 절실히 느껴진다. 거기에 포도나무를 줄 세워 만든 인공의 풍경이 가미되어 자연과 인공의 결과물이 놀라운 풍경을 만든다.

라인강 따라 기차가 서는 역마다 작은 마을이 하나씩 나타난

뤼데샤임(Rüdesheim am Rhein)

다. 그 중 뤼데샤임은 그중 가장 인기 있는 마을이다. 그래서인지 방문객도 많고 그만큼 사람의 손이 많이 탔다. 기차역과 강가 가까이에는 와인과 음식을 파는 카페와 레스토랑도 많고 좁은 골목마다 사람과 아기자기하게 꾸민 유럽 특유의 분위기 있는 식당들로 가득하다. 당연히 이곳 특산물인 리슬링Riesling 포도로 만든 화이트 와인을 마음껏 즐길 수 있다.

많은 사람으로 붐비는 곳을 약간만 벗어나면 본격적으로 포도밭이 펼쳐진다. 낮은 언덕 굽이굽이 펼쳐지는 포도밭은 도시 풍경과 비교하면 매우 색다르다. 논과 밭과 과수원도 자연 속에서 사람이 일군 대표적인 공간이지만 포도밭은 조금 다르게 느껴진다. 정렬된 포도나무가 만들어내는 다양한 직선들의 조합이 마치 서로 다른 각도로 반복된 포도나무 선Line들이 포도밭이라는 2차원의 면Surface을 만들고 포도밭은 다시 땅을 타고 언덕을 오르내리며 3차원의 공간Space을 만들어낸다. 이곳에는 포도밭 정상까지 연결하는 케이블카도 운영 중이다. 이동의 편리함과 함께 하늘에서 바라다보는 새로운 파노라마 풍경을 제공한다는 점에서는 좋지만, 그 순간이 너무 빠르게 지나가는 듯해서 아쉽다. 기차에서 내려 만난 포도밭은 나무 그늘 하나 없이 땡볕이지만 그래도 걸으면서 교감을 할 수 있어 좋다.

포도밭은 대부분 개인 와이너리의 소속이므로 생각보다 가까이 가서 마음대로 들어가기 어렵고 식당들이 밀집한 곳에서 떨어져 있어 만족스러울 정도로 충분히 즐기기가 어렵다. 그러나 조금 욕심을 내서 마을 외곽으로 걸어나가면 몇 배의 즐거움을 만끽할 수 있다. 기차역에서 한 시간 정도 걸으면 에빙겐 수도원Eibingen Abbey까지 갈 수 있다. 천천히 마을의 골목을 지나고 와이너리를 지나면 멀리 언덕 위에 있는 수도원의 첨탑이 어느새 눈앞에 와 있다. 포도밭 속 포도나무 사이로 보이는 수도원이 만들어내는 풍경이 압권이다.

잘 가꾼 수도원을 들어가면 한쪽에 작은 성당이 있다. 대도시의 거대한 성당과는 다른 그리고 고딕 성당이 아닌 로마네스크 양식의 공간이 색다르다. 넓고 높고 투명한 고딕 성당은 내부공간의 거대함에 뿌려진 색색의 빛이 압권이지만 로마네스크 양식의 공간은 완전히 반대다, 벽으로 꽉 찬 공간. 오히려 비좁아 답답하게 느껴질 정도다. 하지만 제단 위 돔의 성화와 위쪽에서 내려오는 햇빛으로 인해 종교 공간으로 더 잘 어울린다. 성당을 나오면 수도

에빙겐 수도원(Eibingen Abbey)

원에서 운영하는 작은 카페와 기념품 가게가 반긴다. 이곳에서 재배하는 포도 품종은 주로 리슬링Riesling과 샤도네이Chardonnay다. 독일 화이트 와인 특유의 맛은 리슬링에서 나온다. 이곳에서 직접 재배해서 만든 포도주를 테이스팅 할 수 있고 구매하기도 한다. 와인 말고도 다양한 생활용품도 있다. 이탈리아의 수도원에서 만든 유명한 화장품이 많은 사람에게 인기가 있듯이 이곳도 언젠가 그렇게 될지도 모른다. 이곳 수도원은 엄격하고 위엄 있는 곳일 것이라는 관념과는 다르게 생활과 밀착된 곳이다. 좋은 공간 속 따뜻한 사람들이라는 느낌이 풍겨온다. 와인을 사면 한 시간 걸어 내려가고 온종일 가지고 다녀야 하는 상황이라 포기하고 주변을 돌아보면서 라인강과 마을 풍경을 즐겨본다.

수도원을 둘러보고 다시 발걸음을 돌려 마을을 향해 내려가는데 트레킹 하는 사람, 사이클 타는 사람 등 다양한 사람들이 지나가면서 가볍게 인사한다. 이곳은 와이너리 트레킹으로 유명하

에빙겐 수도원(Eibingen Abbey) 성당

다. 여러 가지 코스를 따라 주말마다 오는 사람들도 꽤 있다고 한다. 우리네 등산 후 막걸리와 파전이 이곳에는 와인 한 잔과 치즈가 되지 않을까 싶다.

뤼데샤임에서 라인강 따라가다 조금 더 북서쪽으로 가면 강 중간에 있는 팔츠그라펜슈타인 성Pfalzgrafenstein Castle도 볼 수 있다. 요즘은 가뭄이 심해 강바닥이 다 드러나 있다. 오백 년 만의 최악의 가뭄에도 포도는 더 잘 익을지 모른다는 생각을 위안 아닌 위안으로 삼으며 언제까지라도 계속될 것처럼 끝없이 펼쳐진 라인강 강가의 포도밭에 머문 시선을 떼지 못한다. 특별히 유명한 와이너리나 고성이 없는 마을이라도 라인강의 포도밭 풍경은 어디든지 마음 내키는 곳에서 기차를 내렸다 타기를 반복해도 좋을 정도이다. 다만 포도밭은 그늘이 없고 강한 햇빛을 온몸으로 고스란히 받아야 한다. 그 덕에 평소에도 까만 얼굴이 확실히 타서 한동안 여행한 티를 내게 생겼다.

18 훈데르트바서(Hundertwasser)와 동화의 도시

다름슈타트(Darmstadt), 독일(Germany)

오스트리아의 건축가이자 화가이며 환경운동가인 프리덴스라이히 훈데르트바서Friedensreich Hundertwasser는 전 세계에 자신만의 독특한 건축을 남겼다. 대표작인 비엔나의 임대주택인 훈데르트바서 하우스Hundertwasser House Wien나 훈데르트바서 뮤지엄Kunst Haus Wien, Museum Hundertwasser은 꽤 유명한 명소다. 사람들은 친근하면서도 동화와 같은 독특한 매력에 빠진 듯 상당히 많이 찾는다. 마치 팝아트가 추상회화나 개념미술보다 상대적으로 즉각적이고 쉽게 받아들여 대중에게 인기가 높은 것과 비슷하다. 훈데르트바서 건축은 스페인 바르셀로나의 대표 건축가인 안토닌 가우디의 비정형적인 건축과도 비슷하지만, 공간 구성이나 공간의 분위기 등을 보면 건축과 구조 등 건축적, 공학적 측면보다는 색채와 디테일에 집중하고 조금 더 회화적이다. 이들의 건축은 다른 현대건축보다 대중의 인기가 매우 높은데 건축적 의미나 가치보다는 시각적 특성이 두드러지는 경향이 있다. 그럼에도 자세히 살펴볼 가치는 충분하다.

훈데르트바서는 오스트리아 말고도 전 세계에 다양한 건축물을 남겼다. 다른 곳에 비해 상대적으로 독일 프랑크푸르트와 근교 다름슈타트 지역에 주요 건축물을 남겼는데 그중 대표적인 건축물인 다름슈타트Darmstadt의 발트슈피랄레Waldspirale는 상당히 규모가

다름슈타트(Darmstadt)의 발트스피라레(Waldspirale)

큰 공동주택이다. 한국과 달리 공동주택을 대규모의 단지로 개발하지 않는 독일의 사례로는 이례적으로 높고 크다. 이곳은 훈데르트바서 건축의 상징이 된 옥상의 황금색 돔에서부터 시작하는데 전체적으로는 U자의 독특한 형태를 가지고 있다. 제일 높은 옥상부터 아래로 자연스럽게 내려가는 경사로 램프를 이용하여 옥상 정원을 만들었고, 공동주택의 중앙 부분에 위치하는 외부 중정은 나무로 울창한 정원을 조성했다. 지상의 공동주택을 가로지르는 입구를 통해 중정 가까이 가볼 수 있다. 도자기와 같은 형태와 재료의 기둥들과 총천연색의 모자이크 타일로 이루어진 건물 입면은 귀엽고 매우 친근하게 느껴진다.

독일 내 훈데르트바서의 건축은 다름슈타트의 공동주택과 함께 프랑크푸르트에 두 개의 건축물이 더 있다. 프랑크푸르트 근교의 바트 소덴Bad Soden:Taunus에도 공동주택 훈데르트바서 하우스Hundertwasserhaus가 있다. 다름슈타트처럼 규모가 크지는 않지만, 프랑크푸르트 도심부가 아닌 도시 외곽의 전원도시에 위치한 동화와 같은 공간이다. 역에서 내려 걸어가는 길이 매우 좋고 가는 길에 있는 로컬 카페에서 시간을 보내는 사람들의 여유가 느껴지는 마을이다. 공동주택 옆 쿠벨렌파르크Quellenpark의 나무 사이로 보이는 동화 속 주택은 높고 맑은 하늘 아래 마치 놀이동산처럼 현실과는 멀게 느껴진다. 그러나 가까이 가보니 개인 소유공간을 강조하는 표식으로 보아 많은 사람이 찾아오고 거주자들은 불편함을 느끼는 상황으로 보인다. 그래서 기웃거리듯 둘러보기도 어렵고 카메라를 들이대기도 조심스럽다. 주변에는 마을 사람이 모여 식사하면서 담소하는 평화로운 장면이 연출되고 있지만, 안타깝게도 이와는 다르게 공동주택의 문은 굳게 닫혀 있고 창문도 차양으로 가려져 있다. 그나마 다행스러운 것은 이날 주택의 외부공간에서 몇몇이 모여 결혼식 촬영을 하는 중이어서 자연스럽게 촬영 주변과 주택의 외부를 볼 수 있었다.

프랑크푸르트에는 훈데르트바서가 남긴 또 하나의 건축물이 있다. 주택이 아니라 훈데르트바서 유치원Hundertwasser-Kindergarten이다. 아이들의 공간과 훈데르트바서는 잘 어울린다. 기하학으로 정제되지 않은 자유로운 선과 다양한 색으로 만들어진 공간은 어린이의 활동 공간을 제공하는 데 안성맞춤이다. 대지의 한가운데에 있는 유치원을 중심으로 앞·뒤쪽으로 외부공간을 크게 확보하여 모래 놀이 등 다양한 외부 활동을 할 수 있게 했고 유치원 지붕은 미끄럼틀과 옥상정원으로 만들어 아이들의 움직임이 끊어지

바트 소덴(Bad Soden: Taunus) 공동주택 훈데르트바서하우스(Hundertwasserhaus)

지 않고 연속될 수 있게 했다. 유치원 공간 위와 아래로, 내부와 외부로 뛰어다니고 돌아다니는 아이들의 자유로움이 건축에 그대로 표현된다. 기존의 훈데르트바서 건축이 공간보다는 시각적인 측면에 집중했다면 이곳은 공간 구성으로까지 확장한다. 유치원이라서 어울리는 것이 아니라 공간을 고민하고 건축가 특유의 건축 요소를 회화적으로 풀어내면서 완성도 높은 결과를 얻었다. 건축 프로그램과 건축의 양식이 잘 어울리는 사례가 있다. 예를 들면 종교 공간은 빛과 그림자의 현상학적 공간, 미술관은 단순한 화이트 박스와 백색 건축의 미니멀리즘, 공동주택은 단위세대의 반복된 복잡계 건축과 엮기Weaving, 유치원과 초등학교는 원색과 자유로운 공간구성 등이다. 이곳은 유치원이라는 프로그램과 훈데르트바서의 자유분방한 공간과 시각적 표현이 잘 맞아떨어지는 곳이다.

훈데르트바서의 건축은 한국에서도 만날 수 있다. 제주도 우도에는 훈데르트바서 파크Hundertwasser Park가 있다. 비엔나 쿤스트

훈데르트바서 유치원(Hundertwasser-Kindergarten)

하우스빈-훈데르트바서 미술관에 이어 세계에서 두 번째 상설전시를 하는 미술관이라고 한다. 제주라는 한국 대표 관광지로서 시각적 독특함과 이국적인 친밀함을 한꺼번에 보여주기 위한 선택으로 보인다.

훈데르트바서 건축은 미술 작품처럼 주로 외부에서 자유로운 형태, 색, 건축재료가 만들어내는 분위기와 효과를 감상하는 경향이 있다. 분위기와 함께 실제 건축의 공간구성이 어떤지, 그리고 대중적 유명세가 어디서 나오는지도 궁금하다. 단지 이곳이 인공적이고 기하학적인 다른 건축과 달리 회화나 조각 같고 독특해서 사람들이 관심을 가진 것이라면 건축으로서의 냉정한 평가가 필요할 것이다. 겉으로 보기보다 공간을 구성하는 원리와 그 결과의 건축적, 사회적 의미가 담겨있다면 건축적 가치가 충분하다고 평가될 것이다. 그런데 혹시라도 형태와 외형에 따른 대중적 인기라면 다시 한 번 생각해봐야 한다. 인기가 있고 많은 사람이 관심을 가진다면 분명 무언가 좋은 점이 있을 것이다. 그렇지만 대중적 인기와 건축적 가치는 조금 다를 수도 있다. 좋고 나쁘다는 선호도나, 맞다 틀리다는 진리의 문제가 아니라 이 건축에 어떤 다양한 가치가 담겨있는지에 관한 문제이다. 개인적 주체의 지각적 경험이라는 현상학적 관점과 함께 현대건축의 화두인 공간구성의 위상학적, 생기론적, 복잡계적 관점에서도 판단해 볼 일이다. 이 관점도 어찌 보면 지극히 현대사회를 살아가는 한 건축가의 편협한 관점일지도 모르지만 말이다.

19 환상적인 동화 작가, 그림(Grimm) 형제의 도시

하나우(Hanau), 독일(Germany)

프랑크푸르트Frankfurt에서 완행인 지역 기차RE로 동쪽 방향 30분 거리에 있는 독일 중부의 작은 도시 하나우Hanau는 이곳에서부터 마르부르크Marburg, 카셀Kassel, 괴팅헨Göttingen, 마인덴Meiden을 거쳐 북부의 도시 브레멘Bremen까지 연결하는 약 640km의 상당히 먼 길인 동화의 길, 메르헨 가도Märchenstrasse, Fairy-Tale Route의 시작점이다. 메르헨Märchen이란 본래 독일어로 동화를 뜻하는 단어로 원초적인 동화를 개작한 것을 말하는데, 특정 작가 없이 널리 알려지고 대대로 전해 온 이야기를 그림Grimm 형제가 수집해서 체계화시켜 놓은 전래동화다. 우리는 디즈니가 각색한 순화된 동화로 익숙한데 실제 원본을 보면 전래동화지만 약간은 섬뜩한 잔혹 동화 같다.

그림 형제가 태어나서 자라고 공부한 하나우 중심에는 국가적 기념비인 그림 형제의 동상Brüder Grimm Denkmal이 있다. 시내 마르크트 광장Marktplatz Hanau 시청사 앞이다. 1896년 독일 전역에서 모금된 돈으로 세워졌다. 이 동상 대좌의 동판에는 '하나우에서 브레멘까지 메르헨 가도의 출발점'이란 글이 새겨져 있다. 얼마나 유명한 국민적 인물이기에 태어난 도시의 시청사 앞 광장에 동상으로 기념하나 궁금할 정도이다. 형제의 동상을 찾고 나면 멀리서 한번 또 가까이서 한번 사진 찍는 것이 전부이지만 어렸을 때 많

그림 형제의 동상(Brüder Grimm Denkmal)

이 읽고 듣던 동화의 원류가 이곳이라는 사실을 확인하는 행위는 매우 의미있는 일일 것이다. 한국에서는 콩쥐 팥쥐, 흥부 놀부, 효녀 심청과 같은 한국의 전래동화만큼이나 많은 그림 형제의 동화와 이를 바탕으로 한 디즈니의 애니메이션의 영향은 아직도 절대적이고 막강하다.

많은 사람은 그림 형제 동상만 보고 메르헨 가도로 떠나지만, 그러기엔 이 작은 도시에는 다른 좋은 곳이 많아 그냥 지나치면 아쉬울 수 있다. 하나우에는 현대건축으로 탈바꿈한 프라이하이츠 플라츠Freiheitsplatz와 포럼 하나우Forum Hanau, 하나우 구도심Altstadt Hanau 내 독일 금세공소Deutsches Goldschmiedehaus, 메츠게르스트라세 8Metzgerstraße 8, 요한 교회Johannes Kirche까지 다양한 볼거리로 가득하다. 그중 우연히 지나가다 발견한 매우 힙한 곳이 메츠게르스트라세 8이다. 이곳은 독일 금세공소 근처에 있는 복음지역교회

마르크트 광장(Marktplatz Hanau)

Evangelische Stadtkirchengemeinde의 철로 만든 상부가 특이해서 교회로 가는 도중에 만난 작은 공연장인데 주변 건물과 가까워 아주 폭이 좁은 골목을 만든다. 공연장 외부를 현란한 색채의 그라피티로 처리했는데 일반적으로 볼 수 있는 낙서와는 다르고 주변 건물의 석재 건축재료와 잘 어우러져서 독특한 분위기를 자아낸다. 멋있다고 속으로 외치며 좁은 골목을 들어가니 정면에 교회가 나타난다. 작고 짧은 골목이지만 독일에서는 잘 볼 수 없는 분위기의 공간이다. 그런데 골목 뒤쪽으로 가다 깜짝 놀랐다. 뒤 공터에 살짝 과격해 보이는 패션의 10대 서너 명이 모여있다. 괜한 부담감과 함께 졸보 티 날까 봐 애써 외면한 채 빠르게 건너편 교회로 들어갔다.

도심에 또 하나 마음에 드는 곳이 프라이하이츠플라츠

메츠게르스트라세 8(Metzgerstraße 8)

Freiheitsplatz와 포럼 하나우Forum Hanau이다. 구도심에 광장처럼 매우 큰 버스정류장이 있고 건너편에는 상업시설과 공공도서관이 있다. 그런데 모두 다 현대식 건물로 지어졌다. 유럽 다른 도시도 유사하지만, 독일을 다녀보면 시내 구도심의 재개발이 이루어지는 경우 상당히 규모가 큰 특정 공간에 광장과 대중교통, 상업시설, 공공시설을 모아서 복합공간을 만든다. 그리고 최신의 현대건축으로 설계되는데 기존과 유사한 형태나 양식으로 접근하기보다는 대비되는 새로운 방식으로 시각화한다. 프라이하이츠플라츠Freiheitsplatz에는 버스정류장마다 나무 형태와 유사한 반투명한 녹색의 공공건축물이 들어섰다. 서울에서 서리풀 원두막이 건널목 사거리마다 설치되어 보행 신호를 기다리는 동안 햇빛을 피하는 좋은 공간이 되듯 이곳도 작지만 세련된 공공시설물을 설치했다.

구도심의 반대쪽에는 슐로스 필립스루헤Schloss Phillipsruhe가 있다. 시청사에서 몇 정거장이면 갈 수 있다. 버스에서 내려 성 쪽

프라이하이츠플라츠(Freiheitsplatz) 버스정류장

슐로스 필립스루헤(Schloss Phillipsruhe) 앞 거리 장식

방향 건널목을 건너가는데 보이는 길거리의 수도꼭지 같은 작은 장식은 지나가는 이의 얼굴에 미소를 만들어준다. 마치 허무개그나 아재 개그처럼 살짝 비틀어 은근히 관심을 끈다. 성으로 들어가니 성의 넓은 앞마당 잔디에 놓인 현대 조각과 함께 필라테스를 하는 주민들이 반긴다. 오래된 역사적 장소를 일상으로 사용하는 이들이 부러울 따름이다. 이 도시에서 시작하는 메르헨 가도는 바로 북쪽의 대학 도시인 마르부르크Marburg으로 연결된다. 본격적으로 동화의 도시로 가자!

20 동화의 길, 메르헨 가도(Märchenstrasse)의 대학 도시

마르부르크(Marburg), 독일(Germany)

메르헨 가도Märchenstrasse의 도시인 마르부르크Marburg는 중세 시대부터 란Lahn강 연안의 교역 중심지로 발전하였다. 13세기에 도시의 성벽이 구축되었고, 1527년 최초의 개신교 대학인 마르부르크 대학교Philipps-Universität Marburg가 개교하였다. 현재는 구시가지에 엘리자베트 성당St. Elizabeth's Church과 시청사를 비롯한 옛 건물이 많이 남아 있어 관광의 중심지가 되었으며, 대학 도시이기도 하다. 프랑크푸르트에서는 지역 기차RE로 1시간 30분 정도면 도착한다.

마르부르크는 그림Grimm 형제가 대학 생활을 보냈던 곳으로 중세의 풍경을 지닌 마을이다. 그림 형제는 이곳에서 낭만파 시인인 브렌타노 등을 만나 메르헨 동화의 실마리를 얻었다. 하나우에서 시작한 메르헨 가도는 마르부르크에서 본격적으로 펼쳐진다. 언덕의 도시 곳곳에 있는 그림 동화 루트Grimm-Dich-Pfad를 걷다 보면 동화 속 개구리 왕자Der Froschkönig, 용감한 재단사Das Tapfere Schneiderlein, 신데렐라Aschenputtel, 헨젤과 그레텔Hänsel und Gretel, 백설공주Schneewittchen, 스타 머니Sterntaler 등 다양한 캐릭터들을 찾을 수 있다. 한두 개 찾다 다른 곳에 더 시선을 빼앗겨 모든 캐릭터를 찾지는 못했지만, 언덕과 골목길을 따라다니는 동안 동화 속 숨은그림찾기를 한 어릴 적 시절의 추억이 떠올랐다.

엘리자베트 성당(St. Elizabeth's Church)

마르부르크 대학(Marburg University)에서 바라본 구도심

마르부르크 대학 도서관(Marburg University Library) 입면

대학도시인 마르부르크 도심에는 마르부르크 대학이 있다. 대학 캠퍼스는 긴 역사의 도시와 대학답게 고색창연하다. 그중 마르부르크 대학 도서관Marburg University Library은 오래된 도심에서 새로운 현대건축으로 눈에 띈다. 다름슈타트Darmstadt를 근거지로 하는 지닝 아키텍텐Sinning Architekten이 설계를 맡았다. 기존의 전통건축들 사이에 길게 꺾인 도서관은 주변과 매우 다름에도 불구하고 자연스럽게 공간을 차지하고 있다. 양쪽에서 내부로 들어갈 수 있고 앞, 뒤쪽에서 접근할 수 있어 다양한 선택 동선이 만들어졌다. 그리고 주출입구 양쪽에 넓지 않지만, 외부공간이 있어 학생들의 다양한 활동이 가능하다.

단순한 기하학적 형태에 금속 패널과 유리로 마감해서 산뜻하면서도 깔끔하다. 전형적인 독일 현대건축답다는 인상을 풍긴다. 오래된 도시의 오래된 건축 속에서 지내는 것도 좋지만 현대

어윈-피스카토르-하우스(Erwin-Piscator-Haus) 옆 전통주택

사회에서 현대에 맞춰 공부해야 하는 공간은 최신의 기능과 편리성이 필요하기도 하다. 적절한 배치와 공간구성을 통해서 학생들의 공부와 연구에 도움이 될 듯하다. 공부하다 밖으로 나와 친구들과 떠들며 쉬는 시간을 보내는 공간이 오래된 옛집들 사이 공간이니 분위기도 왠지 더 포근하고 편해 보인다.

마르부르크 도심에는 눈에 띄는 또 하나 현대건축물이 있다. 바로 어윈-피스카토르-하우스Erwin-Piscator-Haus이다. 이곳은 도시 중심에서 다양한 공공의 활동을 지원하는 공간인데 콘서트홀, 여행 인포메이션 센터 등이 있다. 독일 건축가 토마스 헤스Thomas Hess가 이끄는 토마스 헤스 건축사무소Thomas Hess Architekt의 작품이다. 유럽의 많은 도시는 오래된 시간만큼 오래된 다양한 양식의 건축 집합소이다. 이런 상황에서 기존과 완전히 다른 현대건축은 어떻게 주변의 맥락과 나란히 서야 할까 고민할 수밖에 없다. 과

어윈-피스카토르-하우스(Erwin-Piscator-Haus)

하지도 않고 덜하지도 않은 적절함이 가장 알맞은 답인데 그 적절함을 디자인화 시키기가 쉽지 않다. 그런데 기존의 건축들도 설계되고 시공되었을 때는 나름 새로운 건축이었을 것이다. 그리고 기존 건축과의 갈등도 있었을 것이다. 그들도 그들대로 나름의 갈등과 타협과 정당성을 가지고 지금까지 오게 되었을 것이다. 그런 고민의 결과가 이곳에 있다. 주변의 오래된 맞벽 전통 건축과 대비되는 세련된 현대건축은 정면에서는 단순한 박스처럼 보이는데 옆쪽으로 가면 완전히 다른 자신만의 모습을 가지고 있다. 2층과 옥상으로 가면 다이아몬드 패턴의 금속 패널과 형태의 과감성이 나타난다.

이곳의 놀라운 현대건축은 자신의 반짝이는 발톱을 감춘 채 숨어 있지만, 발톱은 숨겨지지 않는다. 그래서 마르부르크는 놀라운 도시이고 좋은 도시이다. 기존의 맥락을 존중하면서도 진보라는 과감성을 동시에 가지고 있는 대학 도시라면 학문도 건축도 사람들의 생각도 더욱 그래야 한다. 마르부르크는 작은 도시이지만 놀라운 잠재력을 가진 도시이다.

CHAPTER 05
구석구석 작은 도시

독일 현대건축은 유럽의 다른 나라의 현대건축과는 조금 다르다. 주변 다른 나라의 현대건축이 형태와 공간과 장소와 인간을 주체로 하는 다양한 현상학과 구조주의 철학을 기반으로 고민하였다면 독일의 현대건축은 사회의 기능을 유지하면서 그 속에서 살아가는 사람들의 공간에 중심을 두고 있다. 즉 도시와 사회 속 삶의 공간을 건축으로 풀어내고 있는 듯하다. 그 결과 전 세계적인 공모전이나 현상설계에서 당선되는 화려한 건축이기보다는 눈에 띄지 않지만, 일상을 잘 담는 그릇처럼 보인다.

21 세계 미술계의 보이지 않는 손,
카젤 도큐멘타(Kassel Documenta)의 도시

카젤(Kassel), 독일(Germany)

독일의 도시 카젤Kassel은 카젤 도큐멘타Kassel Documenta의 도시로 유명하다. 2년마다 하는 비엔날레도 아니고 3년 주기의 트리엔날레도 아닌 5년마다 개최한다는 희소성 때문에 더욱 사람들에게 관심을 받는다. 2022년에도 15회 도큐멘타가 진행되는데 5년의 간격 때문인지 다른 곳보다 코로나의 영향도 덜해 보인다. 전세계적으로 많은 사람의 관심을 받는 카젤은 생각보다 큰 도시가 아니다. 어떻게 이런 작은 도시에 세계적인 규모의 도큐멘타를 열게 되었을까 궁금해진다. 기차로 카젤에 도착해서 기차역 광장으로 나오면 반기는 조각품이 있다. 한눈에 이 도시가 예사롭지 않음을 단번에 알게 해준다. 하늘 높이 솟아있는 경사진 기둥 위를 걷고 있는 사람의 조각이다. 망치질하는 사람Hammering Man으로 유명한 조너선 보로프스키Jonathan Borofsky의 하늘을 향해 걷는 남자Man Walking to the Sky이다.

카젤은 도큐멘타가 주요 볼거리이지만 도큐멘타가 열리는 공간도 관심을 가질 만하다. 카젤의 대표적인 현대건축은 아마도 조르단 뮐러 스타이너하우저 아키텍텐Jourdan & Müller Steinhauser Architekten이 설계한 도큐멘타 할레Document Halle, 카젤 대법원Amtsgericht Kassel, 시티 포인트 카젤City-Point Kassel일 것이다. 세 가

카젤 역(Kassel Hbf) 광장과
조각 하늘을 향해 걷는 남자(Man Walking to the Sky)

지 건축 사례가 각기 다른 공공 건축과 행정시설과 상업공간이라 유사하면서도 다른 성격이 드러난다. 독일 현대건축은 유럽의 다른 나라의 현대건축과는 조금 다르다. 주변 다른 나라의 현대건축이 형태와 공간과 장소와 인간을 주체로 하는 다양한 현상학과 구조주의 철학을 기반으로 고민하였다면 독일의 현대건축은 사회의 기능을 유지하면서 그 속에서 살아가는 사람들의 공간에 중심을 두고 있다. 즉 도시와 사회 속 삶의 공간을 건축으로 풀어내고 있는듯하다. 그 결과 전 세계적인 공모전이나 현상설계에서 당선되는 화려한 건축이기보다는 눈에 띄지 않지만, 일상을 잘 담는 그릇처럼 보인다. 프랑크푸르트를 기반으로 하는 조르단 뮐러 스타이너하우저 아키텍텐의 많은 건축 설계안들도 그렇다. 처음에는 설계안이 크게

2022 카젤 도큐멘타(Kassel Documenta)

눈에 들어오지 않아 이해하기 쉽지 않은데 자세히 보면 여러 가지 조건과 맥락을 고려한 건축적 결과임을 알 수 있다.

카젤 도큐멘타가 열리는 주요 전시공간은 도큐멘타 할레 Document Halle이다. 건축물은 우아한 곡선의 형태를 따라 유리 커튼월로 마감하였고 외부로 확장된 공간은 사람들의 외부 동선과 보행을 위한 경사로인 램프로 처리했다. 그리고 보행로는 전시홀과 시각적으로 연결되고 기둥과 지붕이 외부공간으로 드러나서 구조와 공간이 일반적인 건축물과는 판이하다. 곡선으로 휘는 부분에서는 도시의 전망을 볼 수 있으며 일부 공간은 휴식과 서비스 공간이 된다. 그리고 또 한 가지 중요한 사실은 외부 동선과 같이 내부 공간의 동선이 형성된다는 점이다. 결국, 외부와 내부의 평행한 두 공간이 서로 시각적으로 연결되지만, 물리적으로 나누어져

도큐멘타 할레(Document Halle)

도큐멘타 할레(Document Halle) 외부 공간

카젤 대법원(Amtsgericht Kassel)

서 기능적으로 사용하는 데 활용된다.

도큐멘타 할레 근처에 있는 카젤 대법원Amtsgericht Kassel은 상당한 규모의 행정시설인데 필요로 하는 공간의 매스를 단순화시키고 실의 유닛을 결정하고 적절히 반복하였다. 그리고 입구 부분은 외부공간에 대법원의 경계를 형성하고 커다란 규모에 압도되지 않게 외부 시설물을 넣어 공간을 적절하게 조절하였다. 대법원이라 내부 공간을 들어가 보기 어렵다는 아쉬움이 있다. 대법원 뒤쪽은 도시와 마주하는 앞쪽과는 다르게 넓고 긴 공원과의 관계와 주변 자연의 풍경을 담으려는 시도가 보인다. 이곳은 도시의 다른 부분보다 높은 언덕에 위치해서 공원에서 도시 외곽의 파노라마 전망을 한눈에 담을 수 있다. 또한, 대법원 뒤쪽은 앞쪽과는 다르게 하나의 매스를 주변의 건물과 비슷한 규모로 몇 개로 나누고 연속되게 세웠다.

시티 포인트 카젤(City-Point Kassel)

시티 포인트 카젤(City-Point Kassel) 입면 디테일

카젤 도심의 상업시설인 시티 포인트 카젤City-Point Kassel은 중앙광장의 많은 건축물 중에서도 단연 눈에 들어온다. 원형 광장의 한쪽을 차지하고 있는 유리 커튼월의 투명한 공간이다. 그런데 자세히 보면 건물 외피에 작은 점들로 가득하다. 멀리서 보면 투명한 유리 건물인데 가까이 갈수록 디테일이 살아난다. 건물 입면을 가득 채우고 있는 까만 점들은 사실 도시의 삶의 순간들을 이미지화하고 이미지화하고 출력해서 건물의 입면에 활용한 것이다. 결국, 카젤이라는 도시에서의 삶이 이 건축물에 담긴 것이다. 시티 포인트 카젤은 크고 눈에 띄는 화려한 디자인의 건축 설계보다는 작지만 의미 있는 작업의 결과물이 건축과 도시를 더 빛나게 하는 좋은 사례이다. 독일 현대건축이 추구하는 건축의 방향이기도 하다.

22 로마 유적을 품은 독일 도시

트리어(Trier), 독일(Germany)

코블렌츠에서 지역 기차RE로 2시간 정도 서쪽으로 더 가면 트리어Trier에 도착한다. 그리고 이곳에서 한 시간만 더 가면 독일을 벗어나 룩셈부르크Luxembourg에 도착한다. 독일 서쪽 끝 도시 트리어는 가기 전에는 잘 모르는 도시였는데 가보니 이 도시의 매력에 빠져서 제일 좋아하는 도시가 되었다. 이 도시의 매력은 이천년이라는 시간성의 로마 시대 유적에서 시작해서 근대 사회 혁명의 상징인 카를 마르크스Karl Marx로 마무리한다.

포르타 니그라Porta Nigra: Black Gate는 트리어의 랜드마크로 기원후 180년 로마 시대에 만든 도시의 관문이며 상징이다. 원형의 보존 상태가 거의 완벽하며 규모와 분위기에 압도당한다. 도심 광장의 한쪽에 있어 많은 시민이 이용하고 즐기는 핫 스폿이다. 원래 이름처럼 검은색의 돌로 만든 것이 아닌데 시간이 지나면서 검은색으로 변했다지만 완전한 검은 돌은 아니다. 거대한 규모의 석조 건축물은 시간에 따라 검게 풍화된 듯 보이지만 그 속의 단단함을 감싸는 시간이라는 또 한 겹을 두르고 위풍당당하게 서 있다. 이곳이 풍기는 아우라가 대단하다. 시간이 만들어내는 아우라는 일 초라는 순간의 작은 조각 시간이 나노 단위로 작용하는 결과의 합을 뛰어넘는 결과일 것이다. 어느 것이나 일정한 양이 채워지면 질적 변화를 형성되는 계기가 되는 듯하다. 한동안 광장에

포르타 니그라(Porta Nigra: Black Gate)

머물러 포르타 니그라와 시간을 보냈음에도 다른 곳으로의 발걸음이 떼어지지 않아 자꾸 뒤돌아보게 된다. 도시를 돌아보고 기차역으로 가는 길에 다시 일부러 이곳에 들려 오전의 아쉬움을 달래보자고 마음먹고서야 다음 목적지로 향한다.

포르타 니그라가 있는 광장에는 카를 마르크스 동상Karl Marx Statue이 있다. 잘 모르면 그냥 지나치기 쉬운데 카를 마르크스가 트리어 태생이라는 사실을 알고 일부러 찾아갈 필요도 있다. 단지 광장의 동상에 불과하지만, 그 기념비적인 의미는 크다. 이와 함께 카를 마르크스 생가와 박물관Karl Marx House & Museum도 있다. 겉에서 보면 일반적인 주택인데 안으로 들어가면 마르크스에 대한 많은 자료와 전시공간이 있다. 마르크스가 태어나서 단지 15개월만 머문 공간이지만 그의 사상과 놀라운 통찰력 덕분에 박물관 분

카를 마르크스 생가와 박물관(Karl Marx House & Museum)

위기는 그 어떤 곳보다도 혁명적이다.

도심의 트리어 대성당Dom Trier은 우리의 눈에 익숙한 고딕 대성당이 아니라 로마네스크 양식의 대성당이다. 로마네스크 양식은 규모 면에 있어 고딕 성당을 능가하기 쉽지 않은데 트리어 대성당은 그 몇 안 되는 사례이다. 1270년에 완공된 벽돌로 만든 성당이라니 놀랍다. 외부의 폐쇄적인 형태와 다르게 내부의 돔과 정교한 장식 그리고 외부 중정은 꼭 머물러야 할 가치가 있다. 석재 가공의 섬세함 속에 떨어지는 빛과 로마네스크 특유의 어둑한 공간의 분위기는 밝고 명쾌하고 드라마틱한 환상의 고딕 성당보다 오히려 마음을 편하게 하고 오래 머물게 하는 또 하나의 이유일 것이다.

시내에서 야외극장으로 가는 길에 있는 카이저테르멘

트리어 대성당(Dom Trier) 디테일

Kaiserthermen은 로마 시대 황제가 사용한 목욕탕으로 또 하나의 로마 시대 유적이다. 도시와 비교해 규모가 상당하고 유적의 보존 상태도 좋아 잠깐이라도 들렀다가 가도 좋은 유적이다. 마치 로마의 포로 로마노와 같은 도시 속 유적이다. 무심하게 놓여있는 조적조 구조의 유적들 사이에 놓인 빈 보이드의 공간과 녹지를 하나로 감싸고 있는 구름 머금은 파란 하늘은 이 도시를 극적인 파노라마의 풍경으로 만들어 놓는다.

트리어 야외극장Trier Amphitheater은 도시의 다른 로마 유적보다 그리고 소문과 비교하면 약간 실망스러운 야외극장이다. 일단 규모 면에 있어 다른 독일 도시의 야외극장보다는 크지만, 아를Arles, 님Nimes, 베로나Verona 등 유럽의 내놓으라 하는 곳에 비하면 부족하다. 그리고 유적의 보존 상태가 하부 지하구조와 공간은 어느 정도 유지되어 있지만, 극장 상부는 남아 있는 부분이 적다. 게다가 지역 축제가 있는 경우에는 중심 공간에 무대와 푸드트럭 등이 차지하고 있어 유적의 분위기를 망치기 쉽다. 그런데도 이곳에 가볼 만한 것은 야외극장 위에서 바라보는 주변의 포도밭 언덕 풍경 때문이다. 도시의 외곽에 있는 덕분에 주변의 자연과 와이너리 풍경을 가까이에서 마주할 수 있는 좋은 곳이다.

독일이지만 로마의 시간성과 러시아의 혁명이 겹치는 도시가 트리어이다. 로마에서 서로마와 동로마 그리고 신성로마제국까지 유럽에서 로마의 영향은 대단하다. 우리가 단편적으로 기억한다고 해도 위대한 역사적 사실은 눈에 보이지 않는 힘으로 작동한다. 역사상 그 어떤 것보다 커다란 영향을 준 힘이 유물론과 사회주의적 철학이다. 유럽 역사상 제일 위대한 두 가지가 이 작은 도시 안에 공존한다. 이천년을 가로지르는 역사의 지층 위를 걷는다는 사실만으로도 감동일 수밖에 없다.

23 베토벤의 도시 속 미술관을 거닐다

본(Bonn), 독일(Germany)

작은 도시 본Bonn은 독일 분단시대 서독의 수도, 고전주의 음악의 대명사인 베토벤의 고향, 누구나 좋아하는 간식의 대명사 귀여운 곰 젤리 하리보의 성지, 그리고 유럽 벚꽃놀이의 명소로 알려져 있다. 많은 사람은 구도심의 베토벤 생가를 주로 찾는데 그곳에서 멀지 않은 곳에 두 개의 뛰어난 미술관이 있다. 심지어 두 개의 미술관은 커다란 광장을 중심으로 가까이에서 서로 마주 보고 있다. 바로 쿤스트뮤지엄 본Kunstmuseum Bonn과 분데스쿤스트할레Bundeskunsthalle이다. 크기는 작은 도시지만, 예술로는 매우 큰 도시가 본이다.

쿤스트뮤지엄 본Kunstmuseum Bonn은 베를린 건축가 악셀 슐테

쿤스트뮤지엄 본(Kunstmuseum Bonn)

스Axel Schultes가 설계했다. 빛과 콘크리트로 존재의 공간을 창조해 낸 베를린 외곽의 화장장인 트렙토우 크레마토리움Treptow Crematorium으로 유명한 독일 건축가이다. 이 미술관의 외부는 직선의 지붕 곳곳에 우아한 곡선이 슬쩍 나타나고 미니멀리즘 특유의 공간에서는 기둥과 슬라브 사이의 틈새로 내리는 빛으로 인해 미술관이 빛난다. 노출 콘크리트의 미니멀리즘 건축 속 곡선 지붕과 기둥 틈새로 들어오는 빛과 그림자의 향연이 눈부시다. 다른 건축 설계에서도 공유하는 디자인 특징이 이곳에서도 나타난다.

내부로 들어가면 중앙 계단의 독특한 기하학적 제스처가 단번에 눈을 사로잡는다. 넓고 단순한 공간이지만 구석구석 세심한 건축적 디테일을 넣어서 전시공간을 둘러보면서 공간 자체를 즐길 수 있다. 미니멀리즘의 특징인 기하학적 형태와 그 변형으로 나타나는 공간의 분위기가 예사롭지 않다. 마치 초현실주의 설치 예술이 이제는 미술관 자체가 된듯하다. 어디가 미술관이고 어떤 것이 전시 미술 작품인지 구별이 안 될 정도이다. 드디어 미술관 건축 자체가 미술 작품의 역할을 하게 됐다. 건축이 미술로 확장한 것인지 현대미술의 개념에 공간과 건축을 포함하게 된 것인지 모호하지만, 이곳에서 분명한 것은 기존의 공간과는 다른 완전히 새로운 곳이라는 사실이다.

광장을 중심으로 쿤스트뮤지엄 본을 마주하고 있는 분데스쿤스트할레Bundeskunsthalle: Kunst-und Ausstellungshalle der Bundesrepublik Deutschland는 오스트리아 건축가 구스타프 파이흘Gustav Peichl이 설계했다. 미술관 전면부는 커다란 콘크리트 장벽처럼 막혀 있다. 입

쿤스트뮤지엄 본(Kunstmuseum Bonn) 내부 계단

구를 가리고 있는 노출 콘크리트의 두툼한 장벽과 틈새가 공간의 낯섦에 한몫 한다. 틈새로 보이는 독일인의 사랑은 거대한 미술관의 공간을 일상으로 만든다. 벽체 옆쪽으로는 무표정한 기하학적 분위기를 약간 깨고 싶은 듯한 미끄럼틀 설치미술이 옥상에서 대지 바닥까지 연결되어 있다. 건너편 쿤스트뮤지엄 본에서 느꼈던 독특함과 특이함이 기이함으로 확대될 것 같은 느낌이 머리 뒤쪽에서부터 스멀스멀 기어 올라온다.

건물 외벽 한쪽에 파여진 곳을 통과해 작은 외부 중정을 지나면 미술관 입구가 나온다. 입구는 다른 외부의 벽과는 다르게 유리로 파동 벽을 만들었다. 입구가 나타나기 전 엄정한 노출 콘크리트로 인해 예상했던 공간과는 다른 입구가 나타나서 다시 한 번 살짝 당황하게 된다. 꽉 막힌 삼각형의 중정 한쪽의 유리 출입구

분데스쿤스트할레(Bundeskunsthalle)

는 별도의 입구라는 장치나 표식이 없어 입구의 유리문이 닫혀 있다면 이곳이 주출입구라고 인지하기도 어려울 정도다. 발걸음 내디딜 때마다 예상을 깨는 건축적 장치가 나타난다. 외부가 이 정도면 내부 공간은 어떨지 대략 예측을 할 수 있다. 그런데 내부로 들어가는 순간 또 한 번 예상과 다른 공간이 펼쳐진다. 내부 공간은 외부의 엄격하고 무거운 석재 매스와 다르게 따뜻한 목재가 사용됐다. 일상성을 이용해서 의외성을 만들어낸 건축가의 의도에 다시 한 번 당한다. 기분 좋은 의외성으로 가득한 미술관을 천천히 거닐면서 건축에 대해 곱씹어 본다.

정면 중앙에 있는 옥상까지의 계단은 과도한 기하학적 사선처럼 느껴지는데 계단을 타고 올라간 옥상에는 그보다 더 과격해 보이는 푸른색의 원뿔 3개가 위치한다. 이 건축 요소는 미술관 내

분데스쿤스트할레(Bundeskunsthalle) 옥상

부공간의 채광과 함께 이곳의 상징이다. 미술관 옥상은 카페도 되고 비어 가든도 된다. 옥상에서 결국 미술관 공간에 대한 나의 예감은 적중했다. 낯섦이 기이함을 넘어 외계 공간이 연상되는 공간이 펼쳐진다. 평소에는 조용하고 엄격한 생활을 하다 카니발에는 자유분방한 독일 사람의 성정은 이곳에서도 비슷하게 표출되는 듯하다. 조용한 미술 관람의 시간과 다르게 카페에서는 즐거움의 웃음소리가 미술관을 울린다.

두 미술관 사이의 광장인 뮤지엄스플라츠Museumsplatz에는 설치미술이자 분수가 춤을 춘다. 고전적인 분수가 아니라 상업시설 앞에서 사람의 관심을 집중시키는 듯한 움직이는 분수가 바닥에서부터 물을 뿜는다. 아이들이 신나서 분수 사이를 뛰어다닌다. 본에서도 미술관이 있는 유엔 캠퍼스UN Campus 지역은 컨벤션 센터인

월드 컨퍼런스 센터 본World Conference Center Bonn 등 국제적 공간과 함께 새롭게 개발된 곳이다. 이런 곳에 대규모의 공간을 문화와 미술 공간에 할애한다는 사실이 놀랍다. 베토벤의 생가로만 알고 있던 도시 속 두 곳의 미술관은 특이하다. 신합리주의적 건축과 현상학적 미니멀리즘의 조합을 느끼고 싶다면 이곳으로 가서 두어 시간 거닐기를 권한다. 그리고 날짜와 날씨가 잘 맞아 겹벚꽃이 피는 시기에 이 도시를 간다면 하리보를 들고 낭만의 거리를 충분히 만끽하길 바란다.

24 도시재생 사례의 전형 졸페라인(Zollverein)

에센(Essen), 독일(Germany)

독일 도시재생의 대표 사례이자 에센Essen의 대표 건축물인 졸페라인 탄광 산업단지Welterbe Zollverein는 1849년에 채굴을 시작했던 석탄 및 코크스 광산 부지에 건설된 기념비적인 공간이다. 기존의 산업단지 내 복지센터, 탄광 등은 프리츠 슈프Pritz Schupp와 마틴 크렘머Martin Kremmer가 설계했다. 현재 산업시설을 이용한 도시재생의 상징처럼 남아 있는 권양탑을 중심으로 다양한 박물관들과 시설물을 경험할 수 있어 많은 사람이 방문한다.

렘 콜하스Rem Koolhaas가 설계한 루어 뮤지엄Ruhr Museum은 기존의 시설물을 동선으로 이용하면서 극적인 장면을 연출한다. 강

졸페라인 탄광 산업단지(Welterbe Zollverein)와 권양탑

루어 뮤지엄(Ruhr Museum), 렘 콜하스(Rem Koolhaas)

렬한 오렌지색으로 칠한 유럽에서 제일 길다는 에스컬레이터를 타고 전망을 감상하며 상당한 시간을 올라가면 뮤지엄의 입구가 나온다. 입구까지 가는 과정의 경험만으로도 이곳은 머릿속에 명확하게 기억될 것이다. 앞사람의 뒷모습을 오랫동안 강제로 볼 수 있는 것이 불편하기도 하고 올라가면서 보이는 주변 풍경에 자연스럽게 고개는 오른쪽으로 돌리게 된다. 테마파크의 롤러코스터를 타듯 진입한 박물관의 내부는 외부에서 상상할 수 없을 정도로 산업시설로 가득 차 있는 어두운 공간이다.

루어 뮤지엄에서 권양탑을 끼고 돌아서면 노만 포스터Norman Foster가 설계한 세계 유일의 레드닷 디자인 뮤지엄Reddot Design Museum이 나온다. 기존 건축물을 리모델링한 탓인지 노만 포스터 건축의 특징적인 디자인은 보이지 않는다. ㄷ자 형태의 건물은 단

레드닷 디자인 뮤지엄(Reddot Design Museum), 노만 포스터(Norman Foster)

순하고 위계적인 모습을 보이는데 권위적인 외부 형태에 비하면 박물관 내부 전시공간의 레드닷 디자인은 매우 신선하다.

단지 내 조금 색다른 건축물이 있다. 일본 건축가 SANAA가 설계한 졸페라인 경영 디자인 학교Zollverein School of Management and Design이다. 멀리서 보면 단순한 직육면체 노출 콘크리트를 독일에서 보니 일본 건축보다는 스위스 건축 같아 보인다. 무표정해 보이는 기하학에 사각형의 창을 비대칭적으로 배치하면서 건축은 살아났다. 철로 된 산업시설 사이에서 이질적이면서도 독특한 자신만의 분위기를 자아내면서 서 있다. 벌판에 덩그러니 놓여있는 건축물은 기존의 산업단지 내 건물을 리모델링한 것도 아니라 살짝 존재의 의미가 의심스러워졌다. 건축 자체는 현대건축의 뛰어난 수준을 자랑한다.

졸페라인 경영 디자인 학교(Zollverein School of Management and Design), SANAA

내부 공간은 투명한 유리의 대형 강의실과 콘크리트로 감싼 코어 부분 말고는 다 비웠다. 마치 갓 완공된 듯한 텅 빈 내부 공간을 들어가 보니 SANAA의 독특한 공간이 반긴다. 유리와 노출 콘크리트가 공존하고 있는 솔리드와 보이드 관계 속에서 패턴처럼 뚫려 있는 창은 둘의 관계를 조정하는 변수처럼 보인다.

도시재생의 아이콘인 빌바오 구겐하임 뮤지엄이나 산업시설 재생 프로젝트인 졸페라인은 도시나 건축의 관점에서 성공작이고 그로 인해 유명세를 치렀다. 산업시설인 폐광을 재생한다는 지속가능성도 매우 중요한 개념이다. 그러나 이곳은 건축적이며 도시적인 접근도 중요하지만, 우리에게는 또 다른 역사적 의미가 숨어 있다. 1963년 아돌프 광산과 함본 탄광으로, 그리고 1970년 루르 탄광과 에슈바일러 탄광으로의 한국 광부의 파독은 당시 한국 내 역사적 상황의 결과이다. 2001년 에센의 탄광은 기존 기능이 사라지고 새로운 역사적 의미가 부여됐다. 한국의 태백에 있는 파독 광부 기념관에는 '라인강의 기적을 이뤄낸 독일에서 대한민국의 젊은이들은 한강의 기적을 만들었다'라는 파독 광부의 역사적 의미가 쓰여 있다. 그들의 삶과 역사적 상황은 이제 박물관의 흔적으로 박제되었지만, 그들의 땀을 받아낸 이곳은 아직도 건재하고 그들의 후손은 와서 그들의 공간에서 그들의 시간과 마주 서 있다. 우리에게는 산업유산 도시재생의 성공 사례로 유네스코 문화유산에 등재된 졸페라인 존재 이유 중 이것이 가장 큰 것이리라. 말끔하게 현대건축의 옷을 입은 졸페라인을 뒤로하고 기차역으로 걷는 동안 왠지 어색한 새 양복을 입은 시골 어르신의 굵은 손마디가 떠올랐다.

25 첫사랑의 낭만과 전망 좋은 성

하이델베르그(Heidelberg), 독일(Germany)

1954년 영화 황태자의 첫사랑으로 유명한 낭만의 도시가 하이델베르그Heidelberg이다. 우리가 아는 이 도시 최고의 찬사인 낭만의 도시는 여러 대학교가 모여있는 대학 도시다. 그래서인지 학생 광장, 하이델베르크 대학, 독일에서 가장 오래된 하이델베르크 도서관, 공공질서를 위반한 학생들을 투옥한 학생 감옥, 1839년 시작된 레스토랑 겸 주점인 붉은 황소의 집Roter Ochsen 등 학교와 학생에 관한 장소와 이야기가 유독 많다. 독일에서의 낭만이라고? 무뚝뚝할 것 같은 독일이지만 이곳에는 의외로 낭만이 넘친다. 잘못하면 낭만사할지도 모른다. 심장과 지갑 조심해야 한다.

수많은 명소가 있는 도시이지만 이 도시의 가장 핵심 장소는 아마도 하이델베르그 성이 아닐까 싶다. 16세기의 붉은 사암으로 만든 고성이 산등성이에 자리 잡고 있다. 성 내부에는 독일 약국 박물관이 있고 옆으로는 하이델베르그 성 정원Heidelberg Castle Garden이 넓게 펼쳐져 있다. 성 옆을 흐르는 네카어 강Neckar 건너에는 철학자의 길Philosophenweg이 있다. 성 자체는 상당히 웅장하고 규모가 크다. 성 내부에서 바라보는 도시의 풍경이 매우 아름답고 유명해서 많은 사람이 선호한다.

하이델베르그 성으로 올라가는 길은 두 군데가 있다. 성의 전

하이델베르그 성(Heidelberg Castle)

면부로 올라가면 도시의 풍경도 보고 성 주변의 정원으로 갈 수도 있고 본격적으로 성 내부를 볼 수 있다. 성 후면부는 주변 주택 사이로 난 가파른 계단을 이용해야 한다. 작고 좁은 계단인데 번호가 쓰여 있다. 얼마나 힘들면 계단을 세어가면서 올라가야 하나 할 정도로 겁을 먹지만 사실 무리할 정도는 아니다. 그래도 계단 경사가 꽤 심해서 올라가기보다는 내려가는 쪽이 낫다. 내려가면서 도시의 풍경을 다시 한 번 볼 수도 있다. 계단을 오르며 손으로 일일이 쓴 핸드메이드 흰색 숫자를 보면 숫자 쓰는 것이 우리와 다르다는 사실을 발견할 수 있다. 특히 1과 7은 많이 달라서 1은 마치 우리의 7 같고 7은 완전히 새로운 다른 숫자 같다.

하이델베르그 성 후면에 베를린의 막스 두들러 아키텍트Max Dudler Architekt가 설계한 하이델베르그 성 방문자 센터Besucherzentrum Schloss Heidelberg가 생겼다. 이번에 일부러 하이델베르그를 온 이유

하이델베르그 성(Heidelberg Castle) 계단

는 바로 이 건축물 때문이다. 오래된 유명한 하이델베르그 성과 새로운 현대건축이 어떻게 만나고 있는지 궁금하지 않은가? 하이델베르그 성과 유사한 건축재료인 사암 벽돌을 이용하여 현대적인 두 개의 공간을 매우 자연스럽게 배치했다. 두 건물 사이 출입구로 들어가면 좌우로 나눠진 공간이 각자의 역할을 충실하게 하고 있다. 단순하면서도 명확한 기하학적 매스감이 좋다. 두 개의 매스를 연결하는 것도 좋다. 주변 건물과 약간씩 거리를 두고 나란히 배치한 것도 좋다. 건너편 거대한 오래된 성과 마주하면서 방문객을 맞는다. 입구를 중심으로 양쪽에 떨어져 앉아 있는 방문객이 한 장의 사진 안에 잡힌다. 경사진 곳의 독일 전통주택이 마치 방문자센터 옥상에 올라탄 것으로 보이는 풍경도 재미있다.

하이델베르그 성을 형성하는 직선과 원형의 기하학은 다양한 외부공간을 만들어낸다. 방문자 센터 건너편 앵글리셔 바우

하이델베르그 성 방문자 센터(Besucherzentrum Schloss Heidelberg)

Englischer Bau까지 펼쳐지는 스튁가르텐 슐로스 하이델베르그 Stückgarten Schloss Heidelberg에서의 전망은 멀리까지 끝없이 펼쳐지는데 빨간 도시의 지붕과 하늘이 만드는 풍경은 매우 아름답고 이 도시를 가장 유명하게 만든 장본인이다. 특히 성이 돌출된 부분에 친구끼리 모여 도시를 바라보는 그 모습이 예쁘다. 사람이 풍경에 들어가서 더 좋아지는 경우가 많지 않다. 그런데 이곳의 전망은 사람이 있어야 만들어진다. 산책하듯 걸으면서 도시를 바라보는 사람, 한곳에 기대서 오랫동안 음미하는 사람, 친한 사람끼리 몸 부딪치며 전망과 함께 행복을 나누는 사람들 등 다양한 사람들의 전망을 즐기는 모습을 뒤에서 바라보는 내가 더 즐겁고 행복하다. 자연도 건축도 그 자체로 좋고 중요하지만, 그 속에서 즐기고 느끼고 고민하는 우리가 있어 그 장소의 가치가 있는 것이다. 장소의 가치를 발견하는 것 그것은 바로 나 자신이다. 그래서 건축과 공간 모든 것을 다 설명하지는 못하더라도 현상학적 건축은 필요

하이델베르그 성 외부공간과 전망

한 것이다. 사람은 건축을 통해 자신을 알게 된다. 건축은 사람을 얻는 작업이다.

CHAPTER 06

동서남북 작은 도시

대도시의 대형 프로젝트와 신도시의 개발만이 중요한 것이 아니라 기존의 도시 속에서 주변 맥락을 고려해서 작지만 섬세하게 필요한 부분을 현대의 감각으로 만들어내는 것이 진정한 최신의 개발이 아닌가 싶다.

26 독일 현대 문화와 건축의 현장 속으로

카를스루에(Karlsruhe), 독일(Germany)

기차를 타고 프랑크푸르트에서 남쪽으로 내려가면서 하이델베르크Heidelberg를 지나면 나오는 다음 도시가 카를스루에Karlsruhe다. 그리고 슈투트가르트Stuttgart를 가려면 이곳을 지나갈 수밖에 없어 독일 남동쪽으로 가는 길에 들를 수 있다. 이 도시는 독일을 대표하는 기업 보쉬Bosch로 인해 꽤 부유한 도시이다. 도시계획을 살펴보면 북쪽에 부채꼴 형태의 배치Fan-shaped Layout 속에 거대한 18세기 바로크 양식 카를스루에 왕궁Karlsruhe Palace이 위치한다. 왕궁 건너편에는 마르크트플라츠Marktplatz가 있다. 다른 도시와는 다르게 왕궁의 원형과 도시의 선형 기하학이 서로 마주 보며 배치되어 있다. 도시에 대한 정보가 많지 않고 관심이 가는 곳도 없어 이곳을 꼭 가야 하나 살짝 고개가 갸우뚱해진다. 그러나 이 도시를 꼭 가야 하는 이유가 있다. 도시재생과 현대건축이 만나는 놀라운 문화공간이 도시 중심부에 있다. 기차에서 내리면 바로 마주하는 대합실은 꽤 오래되어 보이는데 벽과 지붕을 감싸는 연속된 아치의 배럴 볼트Barrel Vault 공간은 하늘에서 내리는 빛으로 가득하고 기차를 기다리는 사람의 얼굴은 밝다.

최근 카를스루에 하면 떠오르는 곳이 ZKMZentrum für Kunst und Medien: Center for Art and Media이다. 오래된 무기 및 군수품 공장을 문화센터로 변경하면서 공공문화를 이용한 도시재생의 사례

카를스루에 역(Karlsruhe Hbf)

가 되었다. 현재의 ZKM은 슈베거 아키텍츠Schweger Architects가 설계했는데 ZKM의 상징인 광장 중앙의 푸른 박스The Blue Cube Annex는 이전 현상에서 당선된 콜하스-큐브Koolhaas-Cube라 불리는 렘 콜하스Rem Koolhaas의 제안을 사용하였다. 실제 예술 미디어 센터의 설립은 1980년대 초반부터 시작하였으나 수많은 변경과 상황의 변화로 1997년에서야 새로운 공간이 만들어졌다.

워낙 내부와 외부공간도 방대하고 영화관 전시관 등 프로그램도 많지만 그중 기존의 공장 중정을 그대로 이용하여 전시와 작업을 할 수 있는 공간은 그 어느 곳보다도 훌륭하다. 많은 전시가 진행 중이며 전시는 화이트 박스 내부 흰 벽에 걸려있는 것이 아니라 마치 화가의 작업실에서 전시하듯 전시공간 분위기 자체를 느낄 수 있다. 그리고 극장과 박물관 등 몇 부분만 유료로 이곳을

ZKM 내부 공간

제외하고는 자유롭게 다닐 수 있는 것도 매우 좋다. 오래된 공간을 리모델링한 내부와는 다르게 외부 광장에 있는 블루 박스는 자세히 보면 유리가 프레임에 접합된 부분에 각도가 있어 내부와 완전히 막혀 있지 않다. 그 틈새로 내부에 설치된 미디어 인스톨레이션Media Installation의 음향이 새어 나온다.

구도심 재생에 커다란 한 획을 그은 ZKM의 도시 카를스루에의 다른 지역은 어떨까 궁금하다면 도시의 한쪽 끝 막 개발이 끝난 그리고 지금도 개발 중인 곳을 가보면 답을 알 수 있다. ZKM에서 동쪽으로 멀지 않은 곳에 단일 건축물로 상당한 규모의 볼크스뱅크Volksbank Karlsruhe, 건너편 공동주택, 학교, 대형 슈퍼마켓, 나이트클럽 등 모든 새로운 건축물이 모여있는 곳이 있다. 이곳에 가면 최근 독일 건축에 대한 단면을 볼 수 있고 놀랍게 거대하기

볼크스뱅크(Volksbank Karlsruhe)

만 한 메가 스트럭처 현대건축의 현주소를 확인할 수 있다. 당황스럽기까지 한 현대건축의 도시 풍경이 삭막하게 펼쳐진다. 기능적으로 공간을 확보해야 하고 그러다 보니 입면을 통해서 건축의 정체성을 보여줘야 하는 상업시설이나 주거공간은 아무래도 건축설계의 한계가 나타날 수밖에 없다. 아쉬움은 한번 보고 가는 외부인보다 그곳에 사는 사람들에게 더욱 클 것이다.

놀라고 실망스러운 마음을 가지고 가까운 전철역을 가니 전철역은 또 다른 방식으로 놀라게 만든다. U반 역인 콩그레스젠트룸Karlsruhe Kongresszentrum은 미니멀리즘을 이용한 아주 단순한 지하철역이다. 역도 매우 깔끔하고 지하철도 깨끗하다. 많이 덧대지 않고 꼭 필요한 것만 넣었다. 하지만 하나하나 살펴보면 건축 디테일이 살아 있다. 지하철 기다리면서 앉는 의자는 다리가 없이 바닥과 벽에서 연결되어 있다. 벽에 쓰여 있는 역 이름도 단순하게 처리했다. 모든 부분이 단순하데 한 곳 천장의 조명을 여러 높

카를스루에 전철역 콩그레스젠트룸(Karlsruhe Kongresszentrum)

이로 설치해서 단조로움을 극복하려고 했다. 백색의 조명이 노출 콘크리트와 만나 창백한 공간을 만들었다. 눈에 띄지 않지만, 카를스루에의 새로운 일상 속의 명소가 될 것이다. 가까이 있지만 천차만별로 너무 다르고 서로 극단적인 상황을 보여주는 현대건축을 경험하며 머리가 복잡해졌다. 그 덕에 도시 속에서 길을 잃고 헤매고 다니게 되었다.

27 니벨룽(Nibelung)의 배경을 찾아서

보름스(Worms), 독일(Germany)

보름스Worms는 종교개혁의 루터나 보름스 대성당 정도로 크게 알려진 것이 없는 작은 도시라 적어도 나에게는 조금 생소한 도시였다. 보름스가 한글로 보름의 복수형인가 하는 유치한 생각마저 들면서 크게 신경 쓰지 않았던 도시인데 이 도시가 바그너의 대작 오페라 니벨룽의 반지Der Ring des Nibelungen 배경이며 니벨룽겐 뮤지엄Nibelungen Museum도 있다는 지인의 설명을 듣고 바로 기차역으로 달려갔다. 프랑크푸르트에서 지역기차RE로 1시간 30분이면 보름스에 도착한다. 가보니 보름스는 독일에서 가장 오래된 도시 중의 하나이며 도심부에 위치한 보름스 대성당은 슈파이어 대성당Speyer Cathedral, 마인츠 성당Mainz Cathedral과 함께 독일 로마네스크 양식을 대표하는 3대 성당이라는 사실에 놀랐다.

게다가 이곳이 1521년 3월 신성로마제국 황제 카를 5세가 이곳에서 제국의회를 소집하고 종교 개혁가 마르틴 루터Martin Luther를 소환해 그의 견해를 심의한 사건의 역사적 배경인 보름스 의회Diet of Worms, Reichstag zu Worms라는 사실도 다시 한 번 확인할 수 있는 곳이다. 그런 역사적 상황을 알 수 있는 이 도시를 대표하는 역사적인 장소는 루터플라츠Lutherplatz와 루터 동상Luther Monument이다. 종교개혁의 대표 인물인 루터와 함께 종교개혁에 깃발을 든 피터 왈도Peter Waldo, 존 위클리프John Wycliffe, 얀 후스Jan Hus, 지

보름스 대성당(Dom St. Peter) 입구

롤라모 사보나롤라Girolamo Savonarola 선각자들이 같이 있다. 서양 종교 역사상 가장 중요한 사건인 종교개혁은 이제 공원 내 하나의 동상으로 남게 되었지만, 동상 앞에 서니 역사적인 순간이 다시 눈앞에 펼쳐지는 듯하다.

루터 동상을 돌아 꽤 길고 넓은 공원을 따라가면 대성당을 만날 수 있다. 로마네스크 양식의 보름스 대성당Dom St. Peter은 루터의 종교개혁과 관련이 깊은 곳이다. 성당 정원에는 카를 5세에게 자신의 신념을 변론했던 루터의 발자국 모형이 보존되어 있다. 대성당의 내부는 여느 로마네스크 양식의 성당과 다른 바 없다. 성당 내부 공간은 다른 성당과 비슷하지만, 이곳은 또 하나의 놀라운 공간을 가지고 있다. 성당 내부에서 보이지 않고 외부에서는 더욱 볼 수 없는 숨은 공간은 바로 매년 여름밤 대성당 축제인 니벨룽겐페

스트슈필레Nibelungenfestspiele가 열리는 성당 한쪽에 마련된 외부공간이다. 축제의 공간은 주변의 건물과 일부 벽으로 막아서 외부에서 보기는 어렵다. 밤 11시까지도 어슴푸레 밝은 여름날의 백야에 대성당 옆에서의 공연은 마치 무더운 여름밤 불꽃놀이처럼 말로만 들어도 가슴이 뛸 정도로 이색적이면서도 매혹적이다.

대성당에서 조금 걸어가면 나오는 니벨룽겐 뮤지엄Nibelungen Museum은 베른트 호게 아키텍트Bernd Hoge Architekt가 설계했다. 박물관은 12세기에 지어진 두 개의 탑과 보름스의 도시 성벽의 일부를 이용하고 성벽에 있는 아치 형태를 전시공간과 카페 등으로 확장해서 사용한다. 전반적인 전시공간이 좁은 아쉬움이 있지만, 기존 유적에 현대건축적 장치를 넣어 새로운 공간을 만들었다. 박물관 뒤쪽에는 지크프리트 무덤Siegfrieds Grab이 있다. 보름스에는 이곳 말고도 하겐 길Hagen Strasse과 지크프리트의 분수 등 니벨룽 설화와 관련된 여러 가지 기념물이 있다. 역사적 가치와 의미가 있는 곳에 새로운 현대건축을 넣어서 또 다른 공간과 장소의 가치를 만들어냈다. 그런데 막상 박물관에 들어가 보니 기대한 것처럼 크고 전시물이 많은 공간은 아니다. 방문객도 몇명 정도가 둘러보는 정도다. 살짝 실망과 아쉬움이 교차하는데 한쪽에서 다른 방문객에게 열심히 설명하는 분이 있다. 매우 인상적이다. 그 모습을 보고 있으니 전시공간에 대한 새로운 생각이 들게 된다.

모든 나라에는 설화와 신화가 있다. 오래된 설화일수록 허구와 과장이 섞인 탓에 고증과 근거가 부족한 경우가 많다. 그렇지만 보통은 실증적 증거에 의존하기보다는 설화의 의미에 더 기대

니벨룽겐 뮤지엄(Nibelungen Museum)

니벨룽겐 뮤지엄(Nibelungen Museum) 전시공간

어 정당성을 부여한다. 눈에 보이지 않아도 믿어야 한다는 종교적 믿음에 호소하기보다는 과학적 증거가 더 설득력이 있는 현대사회는 신화도 같은 방법으로 대중화하려고 한다. 하지만 빈약한 자료는 오히려 설득에 실패하게 될 수밖에 없다. 신화는 신화다. 믿음은 증거 앞에서 커지는 것이 아니라 믿게 하려는 마음 씀씀이에 의해 커진다. 이곳에는 니벨룽에 관한 작은 뮤지엄의 빈약한 전시물보다 그런 내용을 전달하려고 애쓰고 노력하는 사람이 있어 이 박물관이 좋다.

28 지천이 온통 청포도 리슬링(Riesling)

뷔르츠부르크(Würzburg), 독일(Germany)

뷔르츠부르크Würzburg는 독일 바이에른주 북쪽 끝에 있는 도시이다. 뷔르츠부르크는 북서쪽의 대도시 프랑크푸르트Frankfurt와 남동쪽의 뉘른베르크Nurnberg 두 도시로부터 반대 방향으로 약 120km 떨어져 있다. 이 도시는 큰 도시 중간에 적절하게 떨어져 있어서인지 프랑크푸르트에서 시작해서 남쪽이나 동쪽으로 가는 가장 많은 기차가 지나가는 교통의 요충지이다. 이 도시는 마인Main강에 위치하며 도시 주변의 산비탈은 온통 포도밭이다. 독일을 대표하는 화이트 와인 포도 품종인 리슬링의 산지는 독일 남서쪽 라인Rein강 지역에서부터 이곳까지 넓게 확장한다. 그래서인지 도시의 기차역Würzburg Hbf에서 바라보는 전망도 끝없이 펼쳐지는 포도밭이다. 경사지인 자연에 지극히 인공적인 모습인 일렬로 나란히 심겨 있는 포도나무의 공간이 인상적이다. 기차에서 바라보는 기하학적인 포도밭의 변화무쌍하면서도 지속적으로 펼쳐지는 풍경에 넋이 나간다.

리슬링의 풍경을 뒤로하고 뷔르츠부르크 기차역에서 시내로 들어가는 길에는 독특한 시설물이 눈에 띈다. 스파르타 은행Sparda Bank 옆 바르바로자플라츠Barbarossaplatz의 버스정류장에는 거대한 유리 우산이 펼쳐져 있다. 오래된 도심에 간혹 현대식 공공시설물이 들어서지만, 이곳처럼 도로가 꺾이는 부분에 많은 사람이 지나

뷔르츠부르크 도시 풍경

바르바로자플라츠(Barbarossaplatz)

다니는 곳에 대형의 오브제처럼 서 있는 시설물은 매우 신선하다. 유리 우산 뒤로 보이는 도시의 오래된 골목 풍경은 유리에 반사되고 왜곡되어 더욱 낭만적으로 변한다. 강한 햇빛을 많이 가려주지는 못하지만 그나마 강한 빛을 한 번 걸러주는 유리 우산 아래 많은 이들이 각자의 볼일을 보면서 버스를 기다린다.

뷔르츠부르크 대성당Würzburger Cathedral 가는 길을 버스가 두어 번 돌고 돌아간다. 독일은 워낙 작은 도시가 많아서 뷔르츠부르크는 상대적으로 작은 도시는 아닌데 도심 버스 길은 넓히지 않고 예전 그대로 사용하는 느낌이다. 상당히 번화하고 많은 사람이 몰려 있는 대성당 앞쪽의 광장도 다른 도시처럼 넓은 보행자의 거리가 아니라 대중교통이 지나는 부분과 맞닿아 있다. 대성당의 큰 규모를 하나의 장면에 담으려면 도로 쪽으로 나와 경찰의 호루라기 소리와 함께 제지당할 수밖에 없다. 대성당 옆의 교회 노이뮌스터Neumünster는 이곳부터 독일의 동남부 쪽에 많은 바로크 양식의 사례에 대한 기대를 높인다.

뷔르츠부르크 대성당은 로마네스크 양식인데 외부와는 다르게 내부는 백색의 장식이 화려하다. 장식을 드러내고 싶다면 흰색 대신 화려한 색들을 사용할 텐데 대체 백색의 장식을 하는 이유가 무얼까 궁금해진다. 그러다 장식을 자세히 보다 보니 문득 흰색은 시간의 색이겠다는 생각이 든다. 시간에 따른 먼지와 여러 가지 미세한 것들이 내려앉으면서 처음에 보이지 않던 음영이 생기고 거기에 빛에 의해 입체화되는 이중의 시간성에 의해 은은하게 어렴풋하게 하지만 채색된 부분보다 더 오랫동안 그 자리를 지키고

뷔르츠부르크 대성당(Würzburger Cathedral) 내부

있는 것이 아닐까. 성당의 천장도 아치Arch나 볼트Vault가 아니라 평평한 천장이다. 천장이 평평하다는 것은 아주 많이 오래되었다는 뜻이다. 천년은 족히 될 것이다. 서양의 성당은 평평한 천장에서 시작해서 점차 아치와 볼트로 발전했고 돔Dome까지 진행한다.

대성당을 지나 조금 더 깊이 도시 속을 들어가 본다. 무더위에 많은 사람이 줄 서서 사 먹는 로컬 젤라또를 한 손에 쥐고 찾아간 곳이 뷔르츠부르크 왕궁Würzburg Residence이다. 프랑스식 조경의 정원과 18세기 건축양식의 왕궁은 마치 작은 베르사유 궁전 같다고 하면 과장일까 싶을 정도로 비슷한 면이 있다. 뜨거운 햇볕을 피해 왕궁 뒤쪽 정원과 궁전 내부에 들어가면 짧은 시간이지만 수백 년 과거로의 여행을 할 수 있다. 뒤쪽과는 다르게 궁전 앞 광장에는 여름 행사 준비가 한창이다. 당연히 맥주 트럭이 한쪽에

뷔르츠부르크 왕궁(Würzburg Residence)

모여있다. 과거와 현재가 공존하는 공간이다. 도시 외곽은 포도밭으로, 도시 내부는 맥주로 가득한 곳이 바로 이 도시다. 기나긴 여름밤이 행복해진다.

29 중세 도시 속 현대조각을 찾아서

밤베르크(Bamberg), 독일(Germany)

밤베르크Bamberg의 구도심은 대성당Bamberg Cathedral을 중심으로 언덕과 섬들로 구성되어 있다. 기차역에서 대성당으로 가는 길가에는 구 시청사Altes Rathaus, 박물관, 4성급 고성 호텔인 레지덴즈슐로스 가이어스뵈르트Residenzschloss Geyerswörth 등 오래된 건축물과 도심 속 강이 만나 독특하고 멋진 도시 풍경을 만든다. 작고 좁은 섬에 꽉 찬 규모로 서 있는 구 시청사의 아름다운 입면 장식이나 발코니처럼 아슬아슬하게 붙어 있는 박물관 등 옛 건축 구경하는 재미가 쏠쏠하다. 독일인이 독일의 도시 중 가장 아름다운 도시라고 평가하는 밤베르크는 독일 도시 중 매우 드물게 제2차 세계대전에 피해를 받지 않아 중세 시대 그대로의 도시와 건축물을 보존하고 있다. 그래서인지 이곳 건축물의 나이는 수백 년이 기본이다. 대성당은 11세기에 그리고 13세기에 다시 한 번 재건한 곳이고, 구 시청사는 15세기에, 신 왕궁은 1703년에 지어졌다. 더 놀라운 것은 오래된 중세 시대의 도시 속에 다양한 현대 조각이 공존하고 있다는 사실이다. 이 오래된 중세 도시는 현대건축이 아니라 현대조각으로 도시의 새로움을 드러낸다.

도시의 구도심을 교구 지구와 시민 지구 두 지역으로 나누는 레그니츠 강Regnitz River의 중앙에는 베네치아의 수로와 같은 섬과 다리와 구 시청사가 있다. 구 시청사에서 대성당으로 가는 작은

황후 쿠니군데(Kaiserin Kunigunde) 동상

섬들을 연결하는 다리에는 밤베르크 황후 쿠니군데Kaiserin Kunigunde 동상이 서 있다. 룩셈부르크에서 태어나 신성 로마 제국 황제 헨리 2세Henry II와 결혼하여 신성 로마 제국의 황후가 된다. 이후 황제가 죽고 나서 쿠니군데 황후가 섭정하였고 그녀는 죽어서 밤베르크 대성당에 묻혔다. 이 도시는 도시의 중심에 동상을 세워 많은 사람이 지나다니면서 그녀를 기린다. 밤베르크 도시 풍경을 배경으로 영원할 듯 당당히 서 있는 동상 뒤로 매일 석양이 진다.

황후 동상 근처에는 폴란드 조각가 이고르 미토라이Igor Mitoraj의 조각 센츄리온Centurione이 있다. 그는 대규모 공공시설을 위해 만들어지는 인체 조각으로 잘 알려진 조각가이다.

이고르 미토라이(Igor Mitoraj)의 센츄리온(Centurione)

작가의 고향인 폴란드 크라쿠프Kraków뿐만 아니라 스페인의 발렌시아Valencia, 영국 카나리 워프Canary Wharf, 이탈리아 시칠리아 등 여러 도시의 광장에서 조각상을 만날 수 있다. 조각상 중 특히 유명한 것은 이탈리아 시칠리아주 아그리젠토Agrigento의 신들이 모여있는 곳인 신전의 계곡Valle dei Templi에 있는 콩코르디아Concordia 신전 앞 이카루스Icarus와 크라쿠프 광장의 에로스 두상Eros Bendato, Eros Bound이다. 그리스 로마의 고전주의 조각에 포스트모던한 부분을 넣어 독특한 분위기를 자아낸다. 밤베르크에서는 조각가 작품의 대표 이미지인 그리스 남성 얼굴의 조각인데 바로 옆 쿠니군데 황후 동상과 여러 면에서 달라 오히려 눈에 띈다. 크지 않은 중세풍의 도시의 한복판에 거대한 현대미술의 조각상은 도시의 지속적인 발전을 상징하는 듯하다.

왕 수강(Wang Shugang)의 로튼 매너(Die Roten Männer)

도심을 무심하게 몇 분 걷다 보면 쇤라인즈플라츠Schönleinsplatz의 작은 공원 하인베르그Hainberg에 도달한다. 이 작은 공원에는 구도심에서 느꼈던 동상과 조각의 만남을 다시 한 번 볼 수 있다. 이번에는 바이에른 섭정 왕자인 루이트폴트Prince Regent Luitpold와 중국 조각가 왕 수강Wang Shugang의 분수 디 로튼 매너Die Roten Männer다. 전통적인 역사의 동상과 현대조각의 기묘한 동거다. 중국 현대미술의 특징인 어색하면서도 강한 대조로 인해 기억에 많이 남는다. 밤베르크는 이런 살짝 꼬는 뒤틀린 정서를 통해서 방문자에게 도시의 강력한 인상을 심어준다.

현대예술과 함께하는 놀라운 밤베르크의 산책길은 시내의 공원에서 밤베르크 역으로 가는 다리 루이트폴트브뤼케Luitpoldbrücke에서 다시 한 번 감탄하게 된다. 리처드 디트리히Richard J. Dietrich

가 2005년 설계한 철골로 만든 현수교는 이 도시가 오래된 시간만 간직하고 있지만은 않다는 사실을 보여준다. 대도시의 대형 프로젝트와 신도시의 개발만이 중요한 것이 아니라 기존의 도시 속에서 주변 맥락을 고려해서 작지만 섬세하게 필요한 부분을 현대의 감각으로 만들어내는 것이 진정한 최신의 개발이 아닌가 싶다. 밤베르크는 이런 사례의 모범이 될 것이다.

30 도시 구석구석 바그너(Wagner)를 찾아서

바이로이트(Bayreuth), 독일(Germany)

인구 8만여 명의 독일 남부의 작은 도시 바이로이트Bayreuth는 바그너Wagner의 도시이자 바그너 숭배자들인 바그네리안Wagnerian의 성지이다. 매년 7월 말에서 9월까지 열리는 바이로이트 축제는 독일에서 가장 유명한 그리고 가장 중요한 축제일 것이다. 오페라 공연 티켓 구하기가 하늘의 별 따기보다도 어렵다는 유명한 일화는 현재에도 진행형이다. 비록 오페라 공연을 보지 못한다 해도 축제가 열리는 도시 분위기와 바그너에 관련된 건축을 본다는 것만으로도 행복할 오페라 덕후의 방문은 그 어떤 도시를 방문하는 것보다 더 큰 의미가 있으리라.

바이로이트 축제는 19세기 독일 작곡가 리하르트 바그너의 오페라 중에서도 니벨룽의 반지Der Ring of Nibelungen와 파르지팔Parsifal 등 자신의 작품들을 공개하기 위해 기존 도심의 오페라 극장과는 다른 장소인 도시 외곽에 거대한 공연장을 기획한 것이 그 시작이다. 현재에도 바그너 본인이 지정한 니벨룽의 반지, 파르지팔, 뉘른베르크의 명가수, 방황하는 네덜란드인, 리엔치 등 몇몇 오페라만 공연한다. 소위 미친 작곡가, 미친 연주자, 미친 관객의 모임이라고 할 정도로 비판도 많고 색안경 끼고 바라보기도 하지만 그만큼 바그너 관객은 더 많이 몰리는 상황이다.

바이로이트 축제극장(Bayreuth Festival Theatre) 정면

제일 먼저 가봐야 하는 곳은 당연히 축제가 열리는 바이로이트 축제극장Bayreuth Festival Theatre이다. 이곳은 크지 않은 도시 북쪽에 위치한다. 기차역에서 버스로 10여 분 걸리고 걸어서도 축제 공원Festspielpark을 가로질러 충분히 갈 수 있다. 주변보다 약간 높은 언덕에 위치해서 극장의 권위가 더 느껴진다. 극장 건축물 외형은 건축 당시의 19세기 극장 그대로이고 외관에서 크게 눈에 띄는 요소는 없다. 워낙 매년 공연이 이루어지기 때문에 관리가 잘 되어있다. 주변 공연과 관련된 많은 부대시설의 공간이 들어차 있다. 극장 앞 우아한 정원과 그 위에 서 있는 건축물 앞에서는 많은 사람이 이 순간을 남기려고 분주하다.

주변을 둘러보아도 이 오페라 극장은 건축적으로 특별히 보여주는 것이 없어 아쉽다. 특히 바이로이트 축제 기간은 경비도 엄격해서 극장을 둘러보기도 어렵다고 한다. 대신 주변 공원에는

바이로이트 축제공원(Festspielpark) 바그너 동상

바그너 동상과 축제극장에 관련된 간단한 외부 전시물이 있어 아쉬움을 달랠 수 있다. 극장 외형과 주변 전시를 둘러보고 시내로 나간다. 극장에서 시내로 걸어오는 공원과 시내 중간 여기저기에 아주 작은 바그너 동상이 몇 개 눈에 띈다. 빨간 바그너와 파란 바그너가 지휘하는 모습의 동상은 이 도시가 바그너의 도시임을 알린다. 평소와 마찬가지로 입을 꾹 다문 엄격한 바그너이지만 동상이 작아서인지 기존 이미지와는 다른 귀여움이 배어있어 좋다.

바이로이트 시내에서는 유네스코 유산으로 지정된 변경백 오페라 극장Margravial Opera House에 사람이 몰린다. 변경백이란 독일에서 중세 세습 귀족 중 일부 봉토의 영주를 의미하고 이외의 지역은 후작으로 해석한다. 극장은 1750년경 프랑스 건축가 조제프 생 피에르Joseph Saint-Pierre가 설계했으며 주세페 갈리 비비에나

변경백 오페라 극장(Margravial Opera House)

Giuseppe Galli Bibiena가 디자인한 내부의 화려함은 바로크 시대의 성당과 겨룰만하다. 이곳은 독일 남부 지역의 대표적인 건축양식인 바로크 시대 극장의 화려함을 만끽할 수 있다. 19세기 말 바로크와 로코코 양식의 절정기에 '장식은 죄악이다'라고 한 아돌프 로스Adolf Loss의 말이 현실감으로 다가올 정도이다.

오페라 극장에서 멀지 않은 도심에는 문화공간의 설계에 독보적인 독일 건축가 스타브 아키텍텐Staab Architekten이 설계한 리하르트 바그너 뮤지엄Richard Wagner Museum이 있다. 작지만 기존의 오래된 건물 옆에 현대건축의 박물관이 살짝 숨어 있다. 바이로이트 축제극장 모형 등 여러 자료를 통해 축제극장에서의 아쉬움을 조금이나마 달래볼 수 있다. 주변에는 헝가리인인 리스트가 살았던 주택을 박물관으로 사용하는 프란츠 리스트 뮤지엄Franz Liszt

Museum도 있다. 독일을 대표하는 오페라 작곡가 바그너만으로도 이 도시는 가득 찼다.

에필로그

건축, 도시, 여행. 이런 단어는 여전히 내 가슴을 뛰게 한다. 절대적 시간으로 따지면 본격적으로 건축 공부를 시작하고 강산이 두어 번 바뀔 정도가 되었지만, 주변 사람들은 아직도 건축이 좋냐고 물어본다. 생각과 다른 현실을 맞닥트리고 좌절도 하면서 처음 건축을 대하던 열정도 사그라지고 일상의 밥벌이로 지겨워질 것을 걱정스럽게 바라봐 주는 사람들이 있어 힘들어도 포기하지 않고 지금까지 오게 된 것을 항상 고맙고 기쁘게 생각한다.

건축을 계속하는 이유는 개인적 자존심과 주위의 환경 때문이기도 하지만 가장 중요한 것은 건축과의 관계 때문일 것이다. 건축 설계 프로젝트를 하고 학교에서 건축 설계 스튜디오와 건축 이론 수업을 하고 몇몇 관심 있는 학생들과 밤늦도록 세미나를 하고 연구 논문을 쓰는 과정에서 가끔 지치기도 하고 때로는 번아웃 증상이 나타나기도 하지만 그렇다고 쉬거나 그만둘 수는 없다. 아직은 건축과 관련된 모든 과정이 즐겁고 행복하다.

현대건축을 전공하는 사람으로 다양한 공간을 분석하고 새로운 건축 계획적 사실을 찾아내는 일이 나의 전공이자 역할이다. 그리고 건축은 일상의 경험과 사회적 관계의 결과이기도 하기에 건축 이외의 여러 가지를 살피고 알아야 한다. 현상학에서부터 위상학과 복잡계 이론까지 현대건축의 바탕이 되는 이론을 공부하면서 지금까지의 건축과 앞으로의 건축을 고민하는 과정은 건축뿐만 아니라 개인적 삶까지도 들여다보게 한다. 그리고 건축은 기본계획에 그치는 것이 아니라 현실적으로 구체화하는 과정을 통해 머리와 손으로 디자인한 결과를 확인할 수 있어서 냉정한 건축의 현실 속에서 인생을 다시 한 번 뒤돌아보게 된다. 건축은 많은 사람과 건축 계획 요소와 현실적인 부분이 모여서 완성되기 때문에 힘들 수밖에 없다. 그렇기에 도전해볼 만하고 한 번 시작하면 쉽게 결과가 나지 않아 중도 포기하기도 어렵다. 나는 아직도 건축과 씨름 중이다.

현대건축은 기존의 근대건축 문제점을 극복하려고 다양한 방식으로 새로운 건축을 제시한다. 공간과 건축 형태 측면에서는 파격적인 공간구성과 디자인이 나타났지만 이마저 한계에 부딪힌다. 새로운 공간의 관계를 구현하는 데 한계를 맞은 현대건축은 컴퓨터를 이용한 디지털 시대에 걸맞은 비정형의 형태를 제시하지만, 형태 속에 담긴 빈약한 사고는 자연 속의 원리를 기반으로 하는 복잡계 건축이라는 새로운 방향으로 나아간다. 기존의 거대하고 위계적이며 명확한 개념의 공간에서 벗어나서 작고 유동적이고 지속적으로 변화하는 명확한 하나의 형태가 없는 새로운 건축은 여러 가지 상황에 대처하기 쉽고 많은 부분을 포용한다. 이런 건축의 핵심은 아마도 작은 단위 유닛에 있는 듯하다. 커다란 하나의 고정된 공간과 건축이 아니라 작고 유동적인 단위 유닛의 모음이라 잠재성과 확장성을 바탕으로 건축화할 수 있다.

도시도 이와 유사한 부분을 가지고 있다. 근대 사회의 도시화는 금세 일정한 한계를 뛰어넘어 생각보다 더 거대한 대도시를 만들었고 기존 도시에서는 찾을 수 없었던 문제들이 나타났다. 현재도 진행 중인 거대 도시는 효율성에만 집착한 듯 보인다.

현대사회가 구조 속에서도 개인의 역할이 얼마나 중요한지 알 수 있듯이 작은 도시를 살펴보면 도시를 구성하는 작은 하나의 요소가 얼마나 소중하고 가치가 있는지를 쉽게 알 수 있다. 이번에 작은 도시를 찾아가서 건축과 공간을 경험하고 그 속에 사는 사람을 만나보고 알게 된 것은 어찌 보면 우리가 다 아는 보편적인 사실일 수도 있다. 온몸으로 경험한 단순한 진리는 바로 이것이다. 모든 도시는 특별하다. 그리고 작은 도시는 더 특별하다.

주요 건축 프로젝트 리스트

예술과 자연 속 작은 도시

CHAPTER 01 예술 속 작은 도시

피흐미니(Firminy), 프랑스(France)

Église Saint–Pierre–Le Corbusier, 29 Rue des Noyers, 42700 Firminy, 프랑스

Site Le Corbusier–Le Corbusier, Maison de la culture, Bd Périph. du Stade, 42700 Firminy, 프랑스

릴(Lille), 프랑스(France)

SPL Euralille–Rem Koolhaas OMA, Tour de Lille, 100 Bd de Turin 18ème étage, 59777 Lille, 프랑스

Le Conex–Chartier–Corbasson Architectes, 29 Rue de Tournai, 59000 Lille, 프랑스

LaM(Lille Métropole Musée d'art moderne, d'art contemporain et d'art brut)–Manuelle Gautrand, 1 All. du Musée, 59650 Villeneuve–d'Ascq, 프랑스

LE Grand Sud–Lacaton & Vassel, 50 Rue de l'Europe, 59000 Lille, 프랑스

됭케르크(Dunkerque), 프랑스(France)

FRAC Grand Large—Lacaton & Vassel, 503 Av. des Bancs de Flandres, 59140 Dunkerque, 프랑스

LAAC(Lieu d'Art et Action Contemporaine)—Jean Willerval, 302 Av. des Bordées, 59140 Dunkerque, 프랑스

메스(Metz), 프랑스(France)

Centre Pompidou—Metz—Shigeru Ban, 1 Parv. des Droits de l'Homme, 57020 Metz, 프랑스

Galeries Lafayette Metz—Manuelle Gautrand, 4 Rue Winston Churchill, 57000 Metz, 프랑스

콜마르(Colmar), 프랑스(France)

Unterlinden Museum—Herzog & de Meuron, Pl. des Unterlinden, 68000 Colmar, 프랑스

Musée Bartholdi—30 Rue des Marchands, 68000 Colmar, 프랑스

Place du 2 Février—Square de la Montagne Verte, 68000 Colmar, 프랑스

브장송(Besançon), 프랑스(France)

FRAC Franche—Comté—Kuma Kengo, 2, passage des arts, 25000 Besançon, 프랑스

Sapeurs—pompiers du Doubs—Frederic Borel Architecte, 37 Rue du Général Brulard, 25000 Besançon, 프랑스

La City—Architecturestudio+Lamboley Architectes Office, 3 Av. Louise Michel, 25000 Besançon, 프랑스

로잔(Lausanne), 스위스(Switzerland)

Rolex Learning Center – SANAA, 1015 Ecublens, 스위스

Photo Elysee – Aires Mateus, Pl. de la Gare 17, 1003 Lausanne, 스위스

Villa Le Lac – Le Corbusier, Rte de Lavaux 21, 1802 Corseaux, 스위스

플림스(Flims), 스위스(Switzerland)

Das Gelbe Haus – Valerio Olgiati, Via Nova 60, 7017 Flims, 스위스

Valerio Olgiati Office – Valerio Olgiati, Senda Stretga 1, 7017 Flims, 스위스

Plantahof Landquart – Valerio Olgiati, Kantonsstrasse 17, 7302 Landquart, 스위스

Oberstufenschulhaus – Valerio Olgiati, Raschlegnas 95A, 7417 Domleschg, 스위스

Atelier Bardill – Valerio Olgiati, Sumvitg 38, 7412 Scharans, 스위스

쿠어(Chur), 스위스(Switzerland)

Shelter for Roman Ruins – Peter Zumthor, Seilerbahnweg 23, 7000 Chur, 스위스

Cadonau, Residential Home for the Elderly – Peter Zumthor, Cadonaustrasse 73, 7000 Chur, 스위스

Atelier Peter Zumthor – Peter Zumthor, Süesswinggel 20, 7023 Haldenstein, 스위스

Katholische Heiligkreuzkirche – Walter Maria Förderer, Masanserstrasse 161, 7000 Chur, 스위스

Bündner Kunstmuseum – Estudio Barozzi Veiga, Bahnhofstrasse 35,

7000 Chur, 스위스

Grossratsgebäude–Valerio Olgiati, Masanserstrasse 3, 7000 Chur, 스위스

Dreifamilienhaus–Valerio Olgiati, Teuchelweg 37, 7000 Chur, 스위스

바두츠(Vaduz), 리히텐슈타인(Liechtenstein)

Kunstmuseum Liechtenstein–Christian Kerez, Meinrad Morger, Heinrich Degelo, Städtle 32, 9490 Vaduz, 리히텐슈타인

Landtag des Fürstentums Liechtenstein–Hansjörg Göritz, Peter–Kaiser–Platz 3, 9490 Vaduz, 리히텐슈타인

브레겐츠(Bregenz), 오스트리아(Austria)

Bregenzer Festspiele, Platz d. Wr. Symphoniker 1, 6900 Bregenz, 오스트리아

Kunsthaus Bregenz–Peter Zumthor, Karl–Tizian–Platz, 6900 Bregenz, 오스트리아

Vorarlberg Museum–Cukrowicz Nachbaur Architects, Kornmarktpl. 1, 6900 Bregenz, 오스트리아

CHAPTER 03 작은 나라 속 작은 도시

리에주(Liège), 벨기에(Belgium)

Liège Gare des Guillemins–Santiago Calatrava, Pl. des Guillemins 2, 4000 Liège, 벨기에

투르네(Tournai), 벨기에(Belgium)

UCLouvain Site de Tournai de la Faculté d'architecture–Aires Mateus, Rue du Glategnies 6, 7500 Tournai, 벨기에

Abdij Sint－Sixtus－8640 Vleteren, 벨기에

마스트리흐트(Maastricht), 네덜란드(The Netherlands)

Book Store Dominicanen, Dominicanerkerkstraat 1, 6211 CZ Maastricht, 네덜란드

Bonnefanten Museum－Aldo Rossi, Avenue Ceramique 250, 6221 KX Maastricht, 네덜란드

Hoge Brug－René Greisch, Hoge Brug, 6221 GA Maastricht, 네덜란드

Bayer Medical Care B.V.－Mario Botta, Avenue Ceramique 27, 6221 KV Maastricht, 네덜란드

대도시와 작은 도시

CHAPTER 04 대도시 옆 작은 도시

크론베르크(Kronberg), 리트베르크(Riedberg), 글라우베르크(Glauberg), 독일(Germany)

Burg Kronberg－Schloßstraße 10-12, 61476 Kronberg im Taunus, 독일

Schlosshotel Kronberg－Hotel Frankfurt－Hainstraße 25, 61476 Kronberg im Taunus, 독일

Spielplatz auf dem Riedbergplatz－Riedbergallee 15, 60438 Frankfurt am Main, 독일

Uni Campus Riedberg – 60438 Frankfurt am Main Nord – West, 독일
Kindertagesstätte Kairos – Max – von – Laue – Straße 20, 60438 Frankfurt am Main, 독일
Keltenwelt am Glauberg – Kada Wittfeld Architekten, Am Glauberg 1, 63695 Glauburg, 독일

마인츠(Mainz), 독일(Germany)

Gutenberg Museum – DFZ Architekten, Liebfrauenstraße 5, 55116 Mainz, 독일
St. Stephan's Church – Marc Chagall(Stained Glass), Kleine Weißgasse 12, 55116 Mainz, 독일
Fastnachtsbrunnen – Schillerpl., 55116 Mainz, 독일
Mainz, Münsterplatz – 55116 마인츠, 독일

뤼데샤임(Rüdesheim am Rhein), 독일(Germany)

Eibingen Abbey – Klosterweg 1, 65385 Rüdesheim am Rhein, 독일

다름슈타트(Darmstadt), 독일(Germany)

Waldspirale – Hundertwasser, Waldspirale, 64289 Darmstadt, 독일
Hundertwasserhaus, Bad Soden:Taunus – Hundertwasser, Zum Quellenpark 38, 65812 Bad Soden am Taunus, 독일
Hundertwasser Kindergarten – Hundertwasser, Kupferhammer 93, 60439 Frankfurt am Main, 독일

하나우(Hanau), 독일(Germany)

Brüder Grimm Denkmal – Am Markt, 63450 Hanau, 독일
Metzgerstraße 8 – Metzgerstraße 8, 63450 Hanau, 독일
Freiheitsplatz – 63450 Hanau, 독일
Schloss Phillipsruhe Hanau – 63454 Hanau, 독일

마르부르크(Marburg), 독일(Germany)

St. Elizabeth's Church – Elisabethstraße 3, 35037 Marburg, 독일
Marburg University Library – Sinning Architekten, Deutschhausstraße 9, 35037 Marburg, 독일
Erwin Piscator Haus – Architekturbüro Hess, Biegenstraße 15, 35037 Marburg, 독일

CHAPTER 05 구석구석 작은 도시

카젤(Kassel), 독일(Germany)

Documenta Halle – Jourdan & Müller Steinhauser Architekten(PAS), Du – Ry – Straße 1, 34117 Kassel, 독일
City Point Kassel – Jourdan & Müller Steinhauser Architekten(PAS), Königspl. 61, 34117 Kassel, 독일

트리어(Trier), 독일(Germany)

Porta Nigra: Black Gate – Porta – Nigra – Platz, 54290 Trier, 독일
Dom Trier – Liebfrauenstraße 12, 54290 Trier, 독일
Kaiserthermen – Weberbach 41, 54290 Trier, 독일
Trier Amphitheater – Olewiger Str. 25, 54295 Trier, 독일
Karl Marx House & Museum – Brückenstraße 10, 54290 Trier, 독일

본(Bonn), 독일(Germany)

Kunstmuseum Bonn – Axel Schultes, Helmut – Kohl – Allee 2, 53113 Bonn, 독일
Bundeskunsthalle: Kunst und Ausstellungshalle der Bundesrepublik Deutschland – Gustav Peichl, Helmut – Kohl – Allee 4, 53113 Bonn, 독일

에센(Essen), 독일(Germany)

Welterbe Zollverein－Gelsenkirchener Str. 181, 45309 Essen, 독일
Ruhr Museum－Rem Koolhaas, Gelsenkirchener Str. 181, 45309 Essen, 독일
Reddot Design Museum－Norman Foster, Gelsenkirchener Str. 181, 45309 Essen, 독일
Zollverein School of Management and Design－SANAA, Gelsenkirchener Str. 181, 45309 Essen, 독일

하이델베르그(Heidelberg), 독일(Germany)

Heidelberg Castle－Schlosshof 1, 69117 Heidelberg, 독일
Besucherzentrum Schloss Heidelberg－Max Dudler Architekt, Neue Schloßstraße 44, 69117 Heidelberg, 독일

CHAPTER 06 동서남북 작은 도시

카를스루에(Karlsruhe), 독일(Germany)

ZKM－Schweger＋Partner architecture(Rem Koolhaas), Lorenzstraße 19, 76135 Karlsruhe, 독일
Volksbank Karlsruhe－Ludwig－Erhard－Allee 1, 76131 Karlsruhe, 독일
Karlsruhe Kongresszentrum(U)－76131 Karlsruhe, 독일

보름스(Worms), 독일(Germany)

Dom St. Peter－Domplatz, 67547 Worms, 독일
Luther Monument, Lutherplatz－Lutherring, 67547 Worms, 독일
Nibelungen Museum－Bernd Hoge Architekt, Fischerpförtchen 10, 67547 Worms, 독일

뷔르츠부르크(Würzburg), 독일(Germany)

Barbarossaplatz – 97070 Würzburg – Altstadt, 독일

Würzburger Cathedral – Domstraße 40, 97070 Würzburg, 독일

Würzburg Residence – Residenzpl. 2, 97070 Würzburg, 독일

밤베르크(Bamberg), 독일(Germany)

Kaiserin Kunigunde – Linker Regnitzarm, 96049 Bamberg, 독일

Centurione – Igor Mitoraj, Am Kranen 2, 96049 Bamberg, 독일

Die Roten Männer – Wang Shugang, Schönleinspl. 3, 96047 Bamberg, 독일

Luitpoldbrücke – Richard J. Dietrich, 49°53′42.9″N 10°53′37.4″E, Bamberg, 독일

바이로이트(Bayreuth), 독일(Germany)

Festspielpark, Bayreuth Festival Theatre – Festspielhügel 1 – 2, 95445 Bayreuth, 독일

Margravial Opera House – Opernstraße 14, 95444 Bayreuth, 독일

Richard Wagner Museum – StaabArchitekten,
Richard – Wagner – Straße 48, 95444 Bayreuth, 독일

찾아보기(인명)

ㅎ

찾아보기(사항)

F

L

R

Z

ㄱ

ㅁ

ㅂ

ㅅ

ㅇ

ㅌ

ㅍ

ㅎ

작은 도시는 더 특별하다

초판발행 2024년 8월 1일

지은이 정태종
펴낸이 안종만 · 안상준

편 집 전채린
기획/마케팅 장규식
표지디자인 Ben Story
제 작 고철민 · 김원표

펴낸곳 (주) 박영사
서울특별시 금천구 가산디지털2로 53, 210호(가산동, 한라시그마밸리)
등록 1959. 3. 11. 제300-1959-1호(倫)
전 화 02)733-6771
f a x 02)736-4818
e-mail pys@pybook.co.kr
homepage www.pybook.co.kr
ISBN 979-11-303-2077-9 93540

정 가 26,000원